FASHION
时装
原创设计与制版
Original Design and Plate Making

王培娜　王亚暖　著

化学工业出版社
·北京·

内 容 简 介

本书以女装设计与制版相结合为基点,对女士的衬衫、卫衣、外套、风衣、西装、大衣、裙装、裤装等主要品类的款式设计与结构设计进行了详细的解析。本书的呈现方式是从效果到结构制图再到成衣的整体设计制作流程,直观、全面地诠释服装原创设计,可供读者参考。

本书适用面广,既可作为高等院校学生学习服装结构设计的参考,也可作为企业设计师、打版师融汇设计与制版的参考,对于广大服装设计人员、服装从业者和服装设计爱好者来说,也是一本极有价值的参考书。

图书在版编目(CIP)数据

时装原创设计与制版 / 王培娜,王亚暖著. —北京:化学工业出版社,2022.8
ISBN 978-7-122-41407-6

Ⅰ.①时… Ⅱ.①王…②王… Ⅲ.①服装设计②服装量裁
Ⅳ.① TS941.2

中国版本图书馆 CIP 数据核字(2022)第 080486 号

责任编辑:蔡洪伟	文字编辑:林 丹 沙 静
责任校对:宋 夏	装帧设计:王晓宇

出版发行:化学工业出版社(北京市东城区青年湖南街13号 邮政编码100011)
印 装:北京新华印刷有限公司
787mm×1092mm 1/16 印张13¾ 字数334千字 2022年10月北京第1版第1次印刷

购书咨询:010-64518888   售后服务:010-64518899
网   址:http://www.cip.com.cn
凡购买本书,如有缺损质量问题,本社销售中心负责调换。

定 价:98.00元

序
PREFACE

　　阅读了王培娜老师的《时装原创设计与制版》，眼前一亮，毋庸置疑，这一定又是一本广受服装专业学生、教师及企业设计师欢迎的服装设计与教学的参考用书，一本设计风格鲜明、体系完整、实践性很强的应用类教材。

　　王培娜老师的书总是那么受读者欢迎，她太懂当今的市场了，站在高校教师的角度，她懂得学生最缺少什么、最需要什么，教师最缺少什么、最需要什么；而二十多年的服装品牌实战历练，也使她更清楚企业设计师最缺少什么、最需要什么。她试图通过对书中经典案例的选择与分析，来实现传道、授业、解惑，来满足不同受众对服装知识的需求。

　　王培娜老师对服装设计是热爱和痴迷的，她对品质的匠心，使她对所有作品都要求达到极致。她的作品总是不经意间传达出她的人生哲学、美学信念以及对每个消费者的尊重。她是一名大学教师，在工作室里她指导的学生获奖无数，但她更看重的是她的学生是否掌握了真才实学，是否具备了专业能力，是否能够被企业真正接纳。她的课总是那么受学生欢迎，她写书的目的很单纯，从来没有考虑过评职称、评奖，单纯的只因为学生需要。

　　这本书精选了近几年她投入市场的产品中最具有代表性、最受欢迎的50多款产品，每一款服装作品都像她的孩子一样，从设计样稿企划、面辅料的选择、样板的设计到成衣制作都倾注了她的心血和汗水，经过她的严格把关，所有款式都可以进行复制再现。这是她珍贵的设计手稿，是她多年的设计实践的结晶。相信所有这本书的读者，都会感受到王老师的良苦用心，感受到她作为教师的育人情怀，也都会收获物超所值的喜悦。

大连工业大学服装学院院长

2021 年 2 月 7 日于大连

前言
FOREWORD

　　服装设计的成功与否，最终是通过实物形态来判断的，是由消费者的喜爱程度来验证的。服装设计的过程：首先是对消费者进行市场调研和设计规划；其次是设计构思；再次是服装效果图的绘制；接着是服装结构制版；然后是服装工艺制作；最后是成衣。如果一个设计师，尤其是处于初学阶段的服装设计师不进行市场调研、没掌握服装结构制版，就进行设计构思，其设计的作品难免会出现脱离市场、制作工艺难以实现的问题。在这里抛开市场调研不讲，单讲服装结构制版，就是许多年轻设计师比较薄弱的环节。

　　掌握服装制版知识，就可以将服装款式图准确地表达出来，从而能使服装技术人员准确地读懂设计师对服装最终效果的要求。因此，服装制版是每个设计师需要掌握的一门技能，也是学服装设计的学生需要突破的瓶颈。

　　本书是作者二十多年来从教和践行的点滴成果。本书以作者的部分原创实物为例，以用服装效果图作为对照来展开的服装制版进行讲解。由于考虑到读者的接受程度不同，本着简化实用、通俗易懂的理念，尽量采用了一些传统制版的方法，将复杂的推导过程省略，只保留原理和制图方法。

　　此书可为服装设计师、在校学习的服装专业学生以及服装设计爱好者提供有价值的参考和借鉴，达到抛砖引玉的效果。

　　本书共有十个章节，分别为：服装基础知识、服装原型、裤装结构设计与制版、裙装结构设计与制版、衬衫结构设计与制版、卫衣结构设计与制版、外套结构设计与制版、风衣结构设计与制版、西装结构设计与制版、大衣结构设计与制版。

　　参与本书工作的有王培娜、林英志，以及研究生王亚暖、朱丽君、王旭、许杰。尽管我们认真撰写此书，但由于能力与专业知识有限，难免会有疏漏和不足之处，恳请读者批评指正。

著者

2022 年 4 月

目录
CONTENTS

CHAPTER 01　服装基础知识

一、制图工具及制作工具

（一）制图工具

1. 直尺 / 方格尺

直尺和方格尺是服装裁剪与制图中最常用的工具。直尺见图1-1，方格尺见图1-2。

图 1-1 　　　　　　　　　　　　　　　 图 1-2

2. 比例尺

比例尺是根据实际数值按照一定比例（1：3或1：4或1：5等）绘制缩略图的制图工具。通常有三角比例尺和三棱比例尺两种。三角比例尺见图1-3，三棱比例尺见图1-4。

图 1-3 　　　　　　　　　　　　　　　 图 1-4

3. 软尺

软尺主要应用于量体和测量服装成衣尺寸。软尺很柔软，便于携带，顶端粘附着金属薄片，使用时，拉金属片即可拉出软尺。它的两面单位不同，一面是寸（有英寸和市寸），一面是厘米。软尺见图1-5。

图 1-5

4. 量角器

量角器在服装制图中是用来绘制角度或者测量已知角度的工具，它为半圆形。量角器见图1-6。

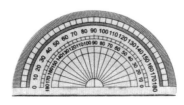

图 1-6

5. 曲线板 / 曲线尺

曲线板和曲线尺，在服装制图中主要是用于绘制弧线的，如绘制袖窿、侧缝、裆缝等部位。曲线板见图 1-7，曲线尺见图 1-8。

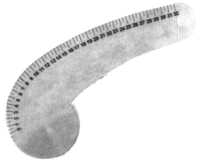

图 1-7 图 1-8

6.（自动）铅笔和橡皮

铅笔有普通铅笔和自动铅笔两种，自动铅笔使用起来较为方便，它的铅芯有 0.3mm、0.5mm、0.7mm 三种型号。橡皮用于图纸修改，有普通橡皮和绘图橡皮两种，服装绘图时应选用绘图橡皮。铅笔和橡皮见图 1-9。

图 1-9

7. 制图用纸（牛皮纸 / 白板纸）

牛皮纸是服装制图的主要用纸，其次可以选用白板纸。牛皮纸见图 1-10。

8. 剪刀

剪刀用于省道转移等操作时的裁剪。剪刀见图 1-11。

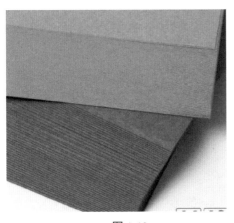

图 1-10 图 1-11

（二）制作工具

车线

缝线

划粉

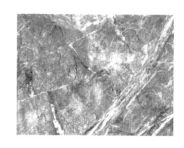

大理石

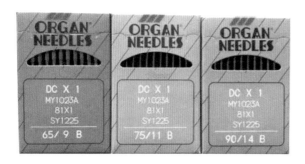

车缝针(9号、11号、14号)

手缝针

定规

针包

珠针

4

梭心

梭壳

熨烫用垫布

塑料压脚

牛津压脚

隐形拉链压脚

卷边压脚

常用压脚

全钢压脚

左低右高0.2压脚

左高右低0.2压脚

左单边压脚

右单边压脚

切布刀

裁剪用剪刀(布剪)

螺丝刀

小剪刀

拔拉链齿钳

镊子

锥子

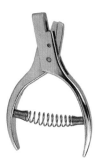

剪口钳

点线器

拆线器

二、服装结构制图术语

● 前后衣身基础线及结构线见图 1-12，袖片基础线及结构线见图 1-13。

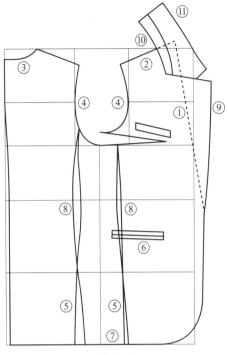

图 1-12

①驳口线；②肩斜线；③领窝线；④袖窿线；⑤摆
缝线；⑥袋位线；⑦底边线；⑧分割线；⑨翻领外
口线；⑩领座下口线；⑪翻领上口线；

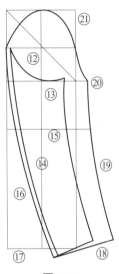

图 1-13

⑫ 大袖；⑬ 小袖；⑭ 袖中线；⑮ 袖肘线；
⑯ 后袖缝；⑰ 袖口线；⑱ 基本线；⑲ 前
袖缝；⑳ 袖深线；㉑ 袖长线

● 前后裤片基础线及结构线见图 1-14。

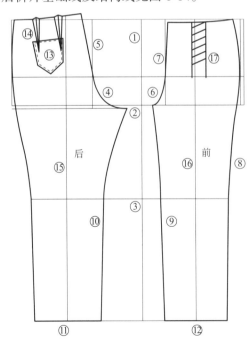

① 裤长线；

② 臀围线；

③ 中裆线；

④ 后裆弯弧线；

⑤ 后裆缝线；

⑥ 前裆弯弧线；

⑦ 前裆缝线；

⑧ 前侧缝线；

⑨ 前下裆线；

⑩ 后下裆线；

⑪ 前脚口；

⑫ 后脚口；

⑬ 口袋；

⑭ 省；

⑮ 后烫迹线；

⑯ 前烫迹线；

⑰ 褶裥

图 1-14

三、服装结构制图的图线画法、符号及主要部位代号

1. 服装结构制图的图线画法

为了方便制图和读图，各种图线都是有严格规定的，常用的有粗实线、细实线、粗虚线、细虚线、点划线和双点划线六种，每一种图线形式都有不同的作用及含义。见表1-1。

表1-1　图线画法及用途

序号	图线名称	图线形式	图线宽度/cm	图线用途
1	粗实线	——————	0.9	服装和零部件轮廓线；部位轮廓线
2	细实线	——————	0.3	图样结构的基本线；尺寸线和尺寸界线；引出线
3	粗虚线	－ － － －	0.9	背面轮廓影示线
4	细虚线	－ － － －	0.3	缝纫明线
5	点划线	—·—·—·—	0.9	对折线
6	双点划线	—··—··—	0.3	折转线

注：虚线和点划线以及双点划线的图线长短和间隔应该各自相同。服装款式图的形式，不受表中规定限制。

2. 服装结构制图的符号

服装结构制图的符号名称及说明见表1-2。

表1-2　服装结构制图的符号名称及说明

序号	符号形式	名称	说明
1	△ 2	特殊放缝	表示与一般缝份不同的缝份量
2	△ □	拉链	表示需要装拉链的部位
3	╳	斜料	用有箭头的直线表示布料的经纱方向
4	阴裥	阴裥	裥底在下的折裥
5	明裥	明裥	裥底在上的折裥
6	○	等量号	两者相等量
7	⌢⌢⌢	等分线	将线段等比例划分
8	⌐	直角	两者呈垂直状态
9	⅄	重叠	两者互相重叠
10	↓↑	径向	有箭头直线表示布料的经纱方向
11	⟋	顺向	表示褶裥、省、覆势等折倒方向（线尾的布料在线头的布料之上）
12	∿∿∿	缩缝	用于布料缝合时收缩
13	⌒	归拢	将某部位归拢变形
14	⋀	拔开	将某部位拉伸变形

7

序号	符号形式	名称	说明
15	⊗ ⊙	按扣	两者呈凹凸状且用弹簧加以固定
16		钩扣	两者成钩合固定
17		开省	省的部位需剪开
18		拼合	表示相关布料拼合一致
19		衬布	表示衬布
20		合位	表示缝合时应对准的部位
21		拉链装止点	拉链的装止点部位
22		缝合止点	除缝合止点外，还表示缝合开始的位置、附加物安装的位置
23		拉伸	将某部位长度拉长
24		收缩	将某部位长度缩短
25		纽眼	两短线间距离表示纽眼大小
26		钉扣	表示钉扣的位置
27		省道	将某部位缝去
28	（前）（后）	对位记号	表示相关衣片两侧的对位
29	或	部件安装的部位	部件安装的所在部位
30		布环安装部位	装布环的位置
31		线襻安装位置	表示线襻安装的位置及方向
32		钻眼位置	表示裁剪时需钻眼的位置
33		单向折裥	表示顺向折裥自高向低的折倒方向
34		对合折裥	表示对合折裥自高向低的折倒方向
35		折倒的省道	斜向表示省道的折倒方向
36		缉双止口	表示布边缉缝双道止口线

3. 服装结构制图的主要部位代号

服装结构制图主要部位名称及代号见表1-3。

表1-3　服装结构制图主要部位名称及代号

序号	中文	英文	代号	序号	中文	英文	代号
1	领围	Neck Girth	N	24	前衣长	Front Length	FL
2	胸围	Bust Girth	B	25	后衣长	Back Length	BL
3	腰围	Waist Girth	W	26	头围	Head Size	HS
4	臀围	Hip Girth	H	27	前中心线	Front Center Line	FCL
5	大腿根围	Thigh Size	TS	28	后中心线	Back Center Line	BCL
6	领围线	Neck Line	NL	29	前腰节长	Front Waist Length	FWL
7	前领围	Front Neck	FN	30	后腰节长	Back Waist Length	BWL
8	后领围	Back Neck	BN	31	前胸宽	Front Bust Width	FBW
9	上胸围线	Chest Line	CL	32	后背宽	Back Bust Width	BBW
10	下胸围线	Under Bust Line	UBL	33	肩宽	Shoulder Width	SW
11	胸围线	Bust Line	BL	34	裤长	Trousers Length	TL
12	腰围线	Waist Line	WL	35	股下长	Inside Length	IL
13	中臀围线	Middle Hip Line	MHL	36	前上裆	Front Rise	FR
14	臀围线	Hip Line	HL	37	后上裆	Back Rise	BR
15	肘线	Elbow Line	EL	38	脚口	Slacks Bottom	SB
16	膝盖线	Knee Line	KL	39	袖山	Arm Top	AT
17	胸点	Bust Point	BP	40	袖肥	Biceps Circumference	BC
18	侧颈点	Side Neck Point	SNP	41	袖窿深	Arm Hole Line	AHL
19	前颈点	Front Neck Point	FNP	42	袖口	Cuff Width	CW
20	后颈点（颈椎点）	Back Neck Point	BNP	43	袖长	Sleeve Length	SL
21	肩端点	Shoulder Point	SP	44	肘长	Elbow Length	EL
22	袖窿	Arm Hole	AH	45	领座	Stand Collar	SC
23	衣长	Length	L	46	领高	Collar Rib	CR

四、人体测量

（一）人体测量工具

1. 软尺

软尺是最常见的用于测量人体表面的长度、宽度以及围度的工具之一，通常以厘米（cm）为单位。

2. 人体测高仪

人体测高仪是由一个以毫米为单位的垂直安装的管状尺子，以及一把可以活动的尺臂（游标）组成的工具，可以根据实际需要进行上下自由调节。

3. 弯脚规

弯脚规主要是用于测量不能直接用直尺测量的部位尺寸的工具，如肩宽、胸厚等部位。

4. 人体截面测量仪

人体截面测量仪用于测量人体水平横截面和垂直横截面尺寸的仪器。

5. 现代化测量仪器

现代化测量仪器如三维人体扫描仪、人体轮廓线投影仪等。

（二）人体主要部位的测量

人体主要部位的测量见图 1-15 和图 1-16 所示。

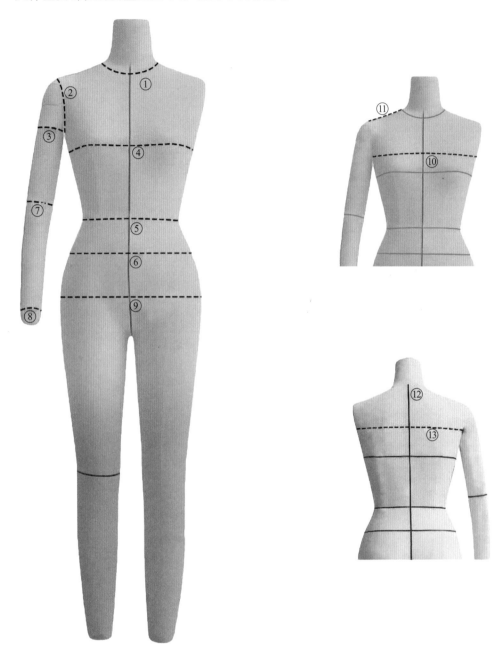

图 1-15

①颈根部围；②手臂根部围；③上臂围；④胸围；⑤腰围；⑥腹围；⑦肘围；⑧手腕围；
⑨臀围；⑩胸宽；⑪小肩宽；⑫背肩宽；⑬背宽

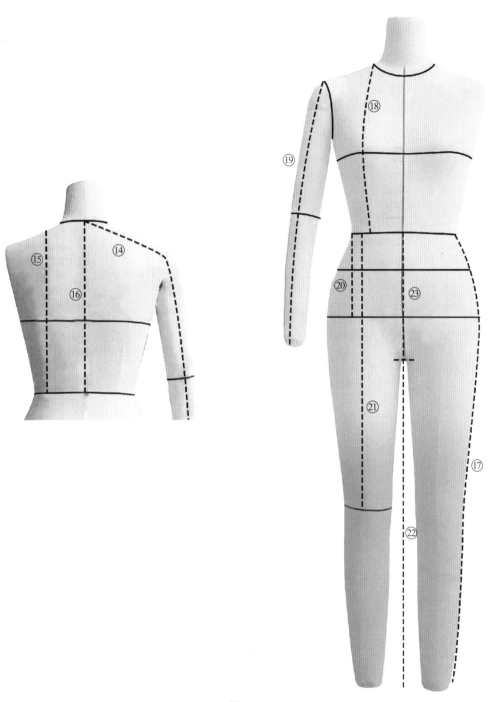

图 1-16

⑭肩袖长；⑮后衣长；⑯背上；⑰裤长；⑱前长；⑲袖长；⑳腰长；㉑膝长；㉒股下；㉓股上

（三）女装人体测量注意事项

从人体的生理特征来看，女性的形体曲线明显，在人体测量时，为保证各部位尺寸准确，被测者穿着紧身衣为最佳，目光平视前方，肩部放松，挺胸直立，手臂自然下垂，轻贴身体侧面，双脚脚跟并拢，脚尖分开呈45°。

CHAPTER 02　服装原型

本书采用原型制图方法为基础，并结合比例法制图的应用方法。

一、箱形原型——东华原型

东华原型是东华大学服装学院在对大量女装计测的基础上，得到的人体细部数据的均值，并在此基础上，建立了标准人台，再按照箱形原型的制图方法在标准人台上做好标记，制作出原型布样，最后将人体各部位相关关系进行简化，并转化为平面制图公式，形成适合中国女性人体的箱形原型，如图 2-1 所示。

后衣身制图如下：

（1）画水平线 WL 线，在 WL 线上取 B/2+6cm（松量），取背长尺寸垂直于 WL 线画后中线，取 0.05B+2.5cm 为后领宽，自背长线上端点向上取后领宽的 1/3 长度为后领深。

（2）在后水平线上向上取 B/60 画水平线，为前水平线，自前水平线向下取 0.1h+8cm 画处袖窿深线（BL 线）。

（3）将水平线（WL 线）二等分作为前后胸围尺寸，在袖窿线上取 0.13B+7cm 为后背宽。

（4）画后肩斜为 18°，在后背宽外取冲肩量 1.5cm，连接 SNP 画成后肩斜。

（5）在 BL 线至 BNP 之间 2/5 处画水平线，交于袖窿弧线，在袖窿弧线上取 B/40-0.6cm 为后浮余量，并调整修顺袖窿弧线。

前衣身制图如下：

（1）取后领宽 +0.5cm 画出前领深，取后领宽 -0.2cm 画出前领宽。

（2）在袖窿深线上取 0.13B+5.8cm 画出前胸宽，画出前肩斜为 22°，前后肩斜等长。

（3）过前中心线在袖窿深线上 0.1B+0.5cm 处为 BP 点，取前浮余量为 B/40+2cm，然后向 BP 点画线，最后画顺前袖窿弧线。

袖子原型制图如下：

（1）作十字线以及确定袖肥：作袖中线与竖线和落山线相交，从交叉点上取 AH/4+2.5 为袖山高，并确定顶点，袖中线顶点向下取袖长尺寸。以袖中线顶点为基准点取前袖山斜线长 = 前 AH，后袖山斜线长 = 后 AH+1。

（2）完成其他基础线：从袖肥两端垂直向下至袖长同等长度作前后袖缝线，作袖摆辅助线，取 SL/2+2.5，作水平线为袖肘线。

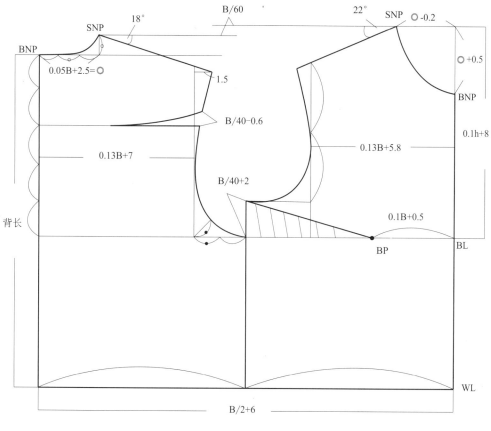

背长

B/2+6

18°　B/60　22°　SNP ⊙-0.2

SNP

BNP

0.05B+2.5=⊙

1.5

B/40-0.6

0.13B+7

B/40+2

0.13B+5.8

⊙+0.5

BNP

0.1h+8

0.1B+0.5

BP

BL

WL

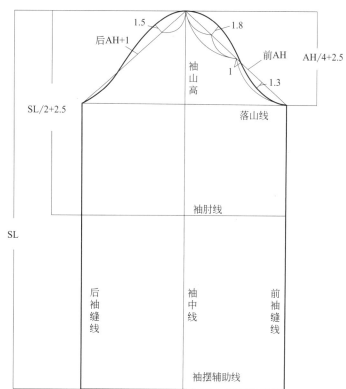

1.5　　　1.8

后AH+1　　　　前AH

袖山高　　AH/4+2.5

SL/2+2.5　　　1　　落山线

1.3

袖肘线

SL

后袖缝线　　袖中线　　前袖缝线

袖摆辅助线

图 2-1　东华原型（单位：cm）

二、箱形原型——日本文化式新文化原型

箱形原型属于日本文化式新文化原型，其前浮余量采用袖窿省的形式消除，后浮余量用后肩省的形式消除，如图 2-2 所示。

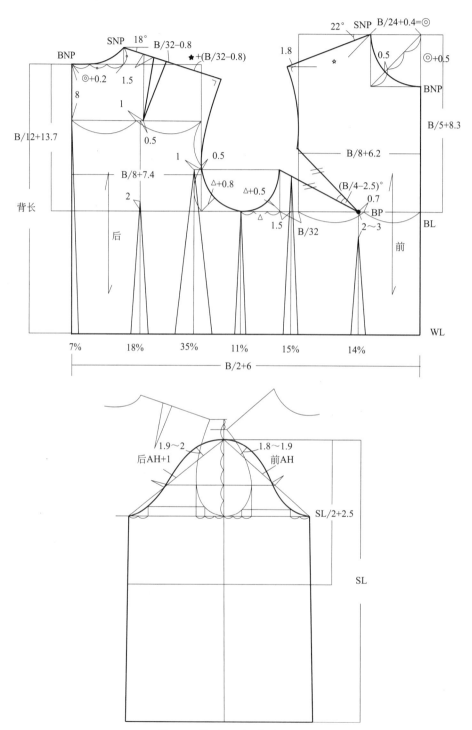

图 2-2　箱形原型（单位：cm）

三、梯形原型——日本文化式原型

梯形原型属于日本文化式原型，其前浮余量采用下放的形式消除，后浮余量采用肩部缩缝或肩省的形式进行消除，如图2-3所示。

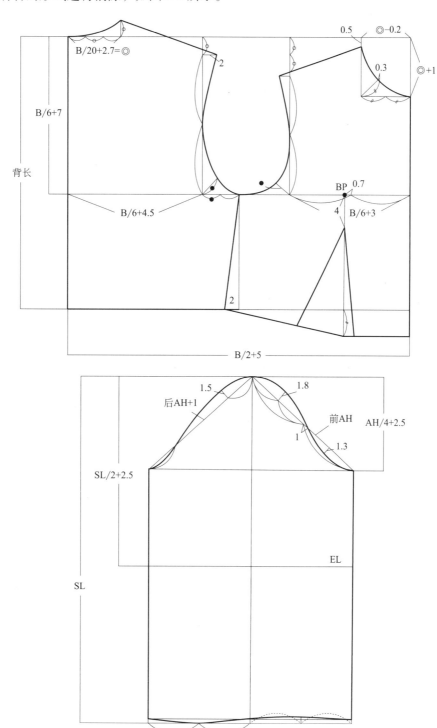

图 2-3 梯形原型（单位：cm）

四、裙装原型

裙装原型如图 2-4 所示。

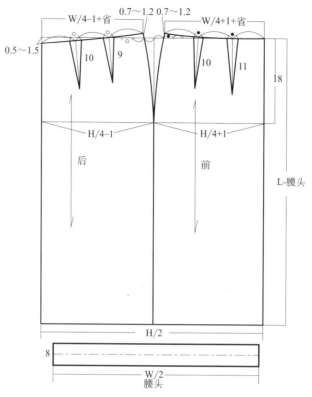

图 2-4　裙装原型（单位：cm）

（1）画矩形基本框宽度为 H/4+1，高度为裙长减去腰头宽。

（2）画臀围线，上平线下 18～20cm 作平行线。

（3）定前腰围尺寸，上平线向左量取 W/4+1+省。

（4）将前腰围尺寸至侧缝辅助线距离分为三等份，确认省的位置。

（5）取靠近侧缝 1/3 点作直线连接臀围大点，在直线 1/2 处向外凸出 0.5cm 画弧线，并顺势延长 0.7cm。

（6）前中腰围点处作弧线连接至侧缝起翘 0.7～1.2cm，并分为三等份。

（7）在等分点上做省道，省中线垂直于腰围线，分别画省长为 10cm、11cm，省宽为臀腰差的 1/3。

（8）画矩形基本框宽度为 H/4-1，高度为裙长减去腰头宽。

（9）画臀围线，上平线下 18～20cm 作平行线。

（10）定后腰围尺寸，上平线向右量取 W/4-1+省。

（11）将后腰围尺寸至侧缝辅助线距离分成三等份，确认省的位置。

（12）取靠近侧缝 1/3 点作直线连接臀围大点，在直线 1/2 处向外凸出 0.5cm 画弧线，并顺势延长 0.7cm。

（13）后中腰围点低落 1cm 作弧线连接至侧缝起翘 0.7～1.2cm，并分为三等份。

（14）在等分点上做省道，省中线垂直于腰围线，分别省长为 10cm、9cm，省宽为臀腰差的 1/3。

五、裤装原型

裤装原型如图 2-5 所示。

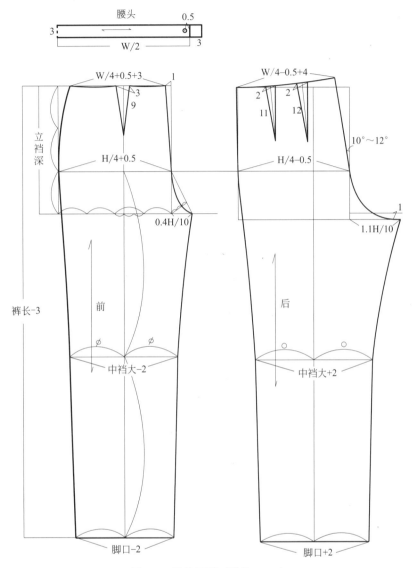

图 2-5　裤装原型（单位：cm）

（1）画上平线、下平线确定裤长（裤长需要减去腰头的宽度）。

（2）由上平线向下量取立裆深。

（3）取立裆深长下 1/3 处作臀围线。

（4）取前、后臀围尺寸分别为 H/4+0.5、H/4-0.5。

（5）前上裆宽为 0.4H/10, 后上裆宽为 1.1H/10。

（6）前裆倾斜 1cm，作前裆弧线；后上裆倾斜角为 10°～ 12°，后上裆开下落 1cm。

（7）取前、后腰围尺寸分别为 W/4+0.5+3（省）、W/4-0.5+4（省）。

（8）前、后裤脚口尺寸分别为 SB-2cm、SB+2cm。

（9）前、后裤中裆尺寸分别为 中裆大 -2cm、中裆大 +2cm，中裆大为脚口宽 +2cm。

CHAPTER 03　裤装结构设计与制版

缉明线

月牙口袋

贴口袋

背面款式图

正面款式图

"刹那"的喧嚣，撩弄着永恒的音乐。

1. 款式说明

该款短裤为直筒牛仔短裤，较为合体。前口袋为月牙口袋，口袋位置有字母印花。整体款式风格青春活跃，穿着场合适用于休闲娱乐场所。

2. 基本尺寸（单位：cm）

尺寸 \ 部位	前裤长	腰围	臀围	立裆	腰宽	脚口
160/68A	33	68	102	27	4	32

3. 主要部位绘制

①	前裤长
②	立裆
③	前臀围
④	小裆宽
⑤	前腰围
⑥	前脚口
⑦	后臀围
⑧	大裆宽
⑨	后腰围
⑩	后脚口
⑪	口袋
⑫	腰带

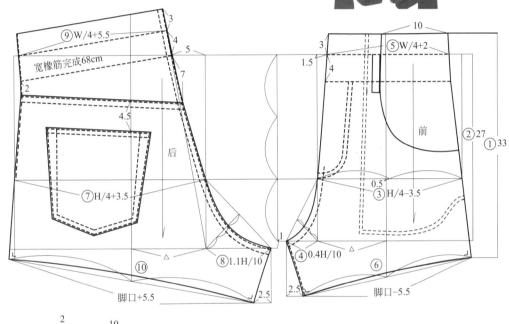

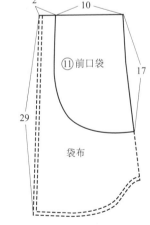

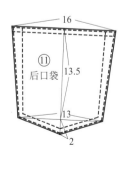

⑫腰带

4. 裁片纸样

面料放缝

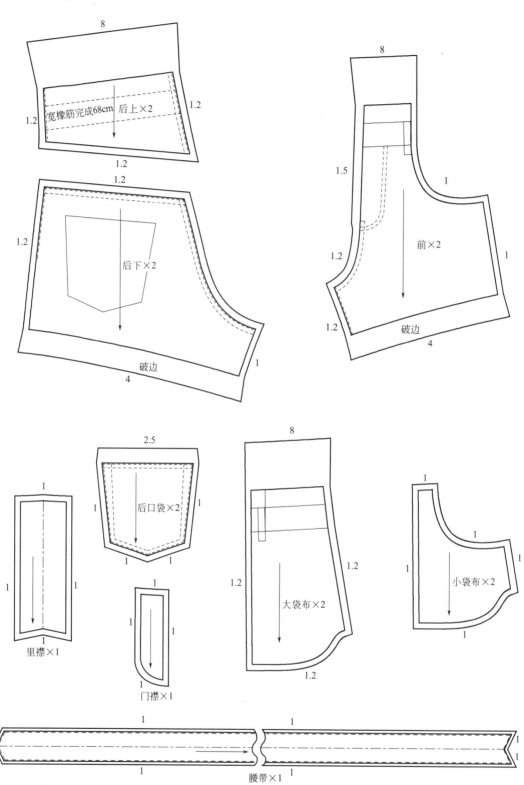

宽橡筋完成68cm 后上×2

后下×2

破边

前×2

破边

里襟×1

门襟×1

后口袋×2

大袋布×2

小袋布×2

腰带×1

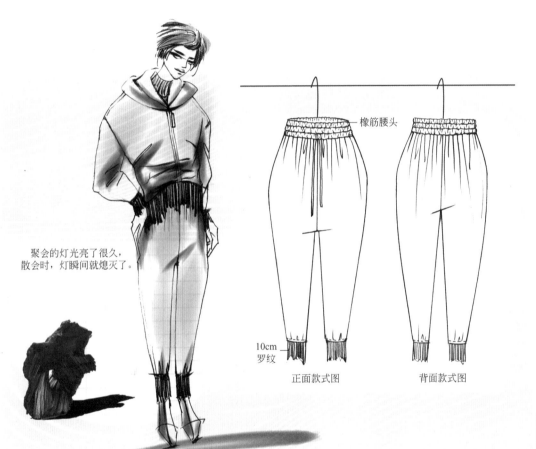

聚会的灯光亮了很久，
散会时，灯瞬间就熄灭了。

橡筋腰头

10cm
罗纹

正面款式图　　　　　背面款式图

1. 款式说明

该款裤子为休闲萝卜裤，脚口处用罗纹收紧，增加了裤子的休闲运动感。腰头采用橡筋腰头，穿脱方便。整体风格呈现出休闲运动风。

2. 基本尺寸（单位：cm）

尺寸＼部位	裤长	腰围	臀围	立裆	中裆	脚口
160/68A	102	68	108	30	50	24

3. 主要部位绘制

①	裤长
②	立裆
③	前臀围
④	小裆宽
⑤	前腰围
⑥	前脚口
⑦	后臀围
⑧	大裆宽
⑨	后腰围
⑩	后脚口
⑪	罗纹脚口
⑫	腰头

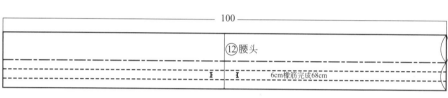

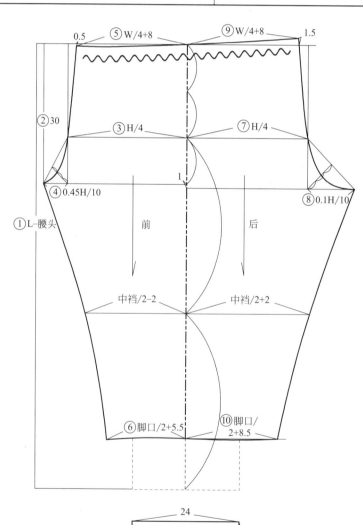

4. 裁片纸样

面料放缝

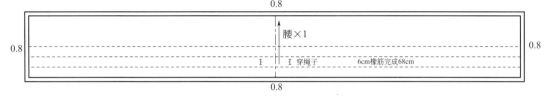

0.8

腰×1

0.8 ⸻ 0.8

Ⅰ   Ⅰ 穿绳子   6cm橡筋完成68cm

0.8

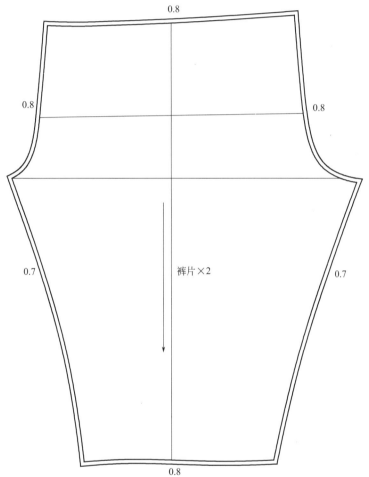

0.8

0.8   0.8

0.7   裤片×2   0.7

0.8

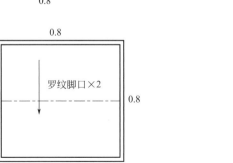

0.8

罗纹脚口×2

0.8   0.8

0.8

缉明线0.2cm　　　　腰头宽4cm

正面款式图　　　背面款式图

挣脱现实不认输。

1. 款式说明

　　该款裤子整体风格为潮牌街头风，破洞的设计加上大字母刺绣，都突出了青少年的洒脱与不羁。

2. 基本尺寸（单位：cm）

尺寸＼部位	裤长	腰围	臀围	立裆	中裆	脚口
160/68A	96.5	74	104	28	40	37

3. 主要部位绘制

①	裤长
②	立裆
③	前臀围
④	小裆宽
⑤	前腰围
⑥	前脚口
⑦	后臀围
⑧	大裆宽
⑨	后腰围
⑩	后脚口
⑪	腰头

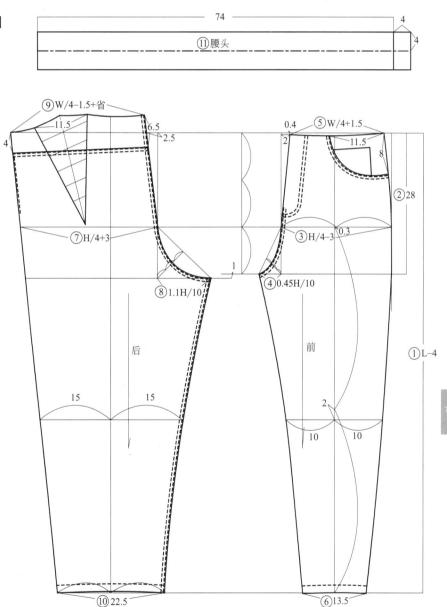

4. 裁片纸样

面料放缝

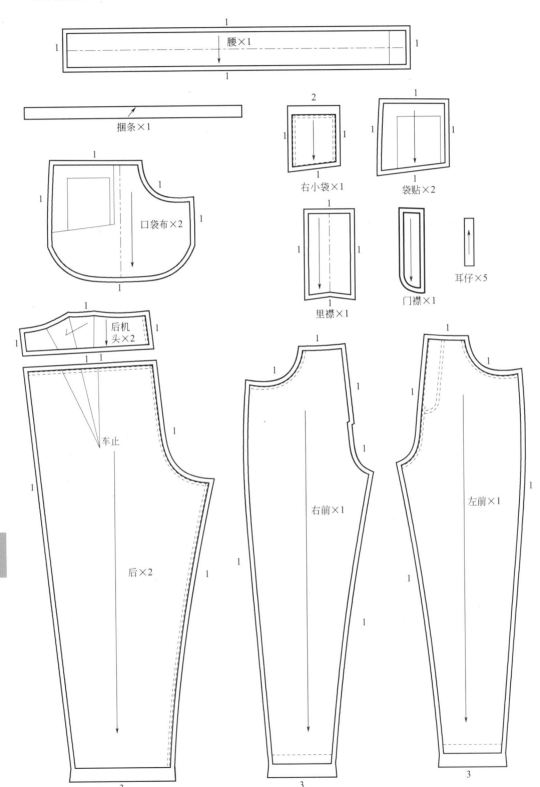

腰×1

捆条×1

2

右小袋×1

袋贴×2

口袋布×2

里襟×1

门襟×1

耳仔×5

后机头×2

车止

后×2

右前×1

左前×1

缉明线
0.5cm

缉明线
0.5cm

口袋

缉明线
0.5cm

缉明线
1.2cm

如果你因错过太阳而哭泣，
那么你也会错过群星。

1. 款式说明

该款裤子为宽腰头牛仔裤，前中3粒扣子，视觉上提升腰线，拉长腿部线条。

2. 基本尺寸（单位：cm）

尺寸 \ 部位	裤长	腰围	臀围	立裆	中裆	脚口
160/68A	97	68	86	26	34.5	25

3. 主要部位绘制

①	裤长
②	立裆
③	前臀围
④	小裆宽
⑤	前腰围
⑥	前脚口
⑦	后臀围
⑧	大裆宽
⑨	后腰围
⑩	后脚口
⑪	口袋
⑫	腰贴

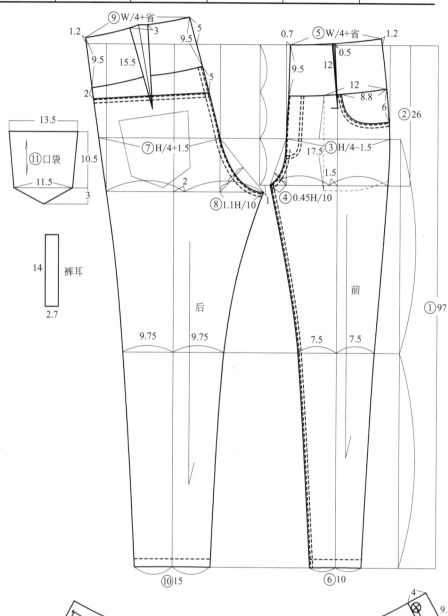

32

4. 裁片纸样

面料放缝

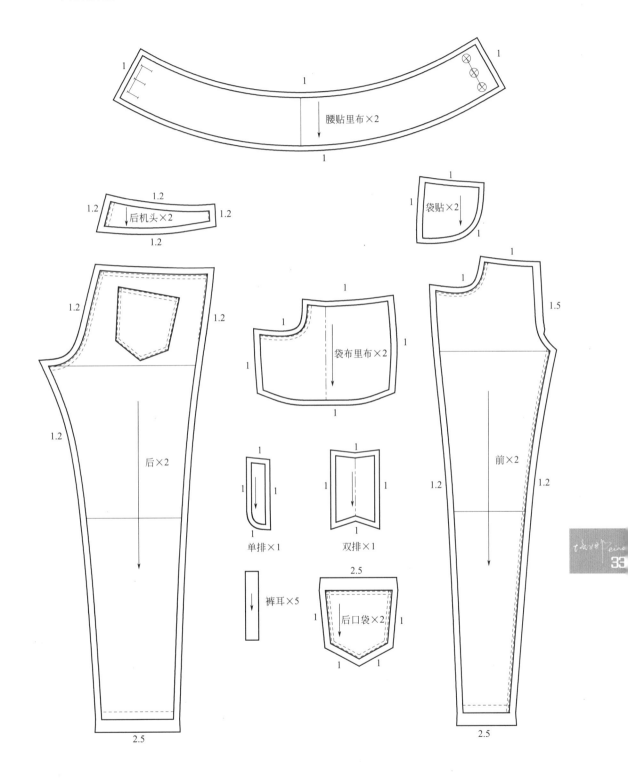

腰贴里布×2

后机头×2

袋贴×2

袋布里布×2

后×2

单排×1

双排×1

裤耳×5

后口袋×2

前×2

缉明线0.2cm

缉明线0.2cm

贴口袋

贴口袋

缉明线1.5cm

根是地下的枝，枝是空中的根。

1. 款式说明

该款裤子为宽松款背带裤，前片两个大口袋，后片贴袋设计。

2. 基本尺寸（单位：cm）

尺寸 \ 部位	裤长	腰围	臀围	立裆	中裆	脚口
160/68A	124	88	104	33	50.5	19

3. 主要部位绘制

①	裤长
②	立裆
③	前臀围
④	小裆宽
⑤	前腰围
⑥	前脚口
⑦	后臀围
⑧	大裆宽
⑨	后腰围
⑩	后脚口
⑪	后口袋
⑫	贴口袋

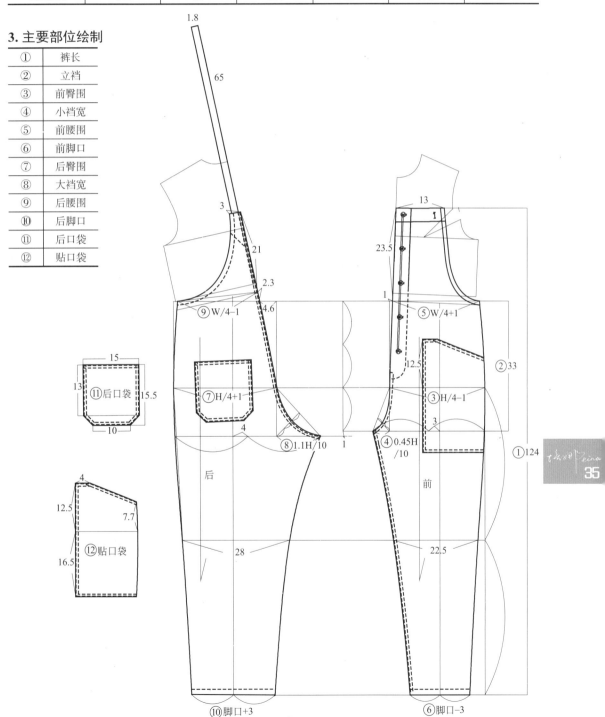

4. 裁片纸样

面料放缝

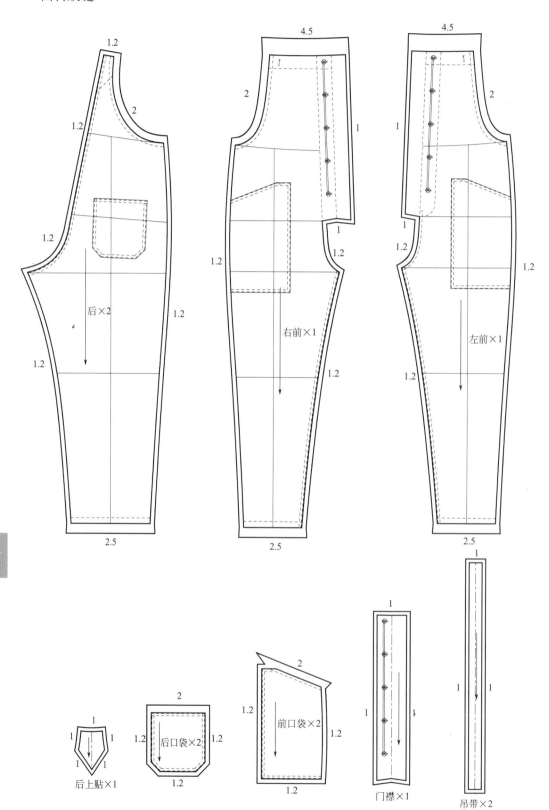

1.2

4.5

4.5

2

2

2

1.2

1

1

1

1

1.2

后×2

1.2

右前×1

左前×1

1.2

1.2

1.2

1.2

1.2

1.2

1.2

1.2

1.2

1.2

1.2

2.5

2.5

2.5

1

1

1

2

2

1.2

1.2

1

1

后上贴×1

后口袋×2

前口袋×2

门襟×1

吊带×2

1

1

1

1.2

1.2

1.2

1.2

1.2

1.2

1.2

1

1

1

1

缉明线
0.5cm

缉明线0.5cm

缉明线0.5cm

口袋

缉明线
1.2cm

1. 款式说明

该款裤子为宽松款背带裤，前片两个大口袋，后片贴袋设计。

2. 基本尺寸（单位：cm）

尺寸\部位	裤长	腰围	臀围	立裆	中裆	脚口
160/68A	127	84	94	26	43	16.5

3. 主要部位绘制

①	裤长
②	立裆
③	前臀围
④	小裆宽
⑤	前腰围
⑥	前脚口
⑦	后臀围
⑧	大裆宽
⑨	后腰围
⑩	后脚口
⑪	口袋
⑫	腰带

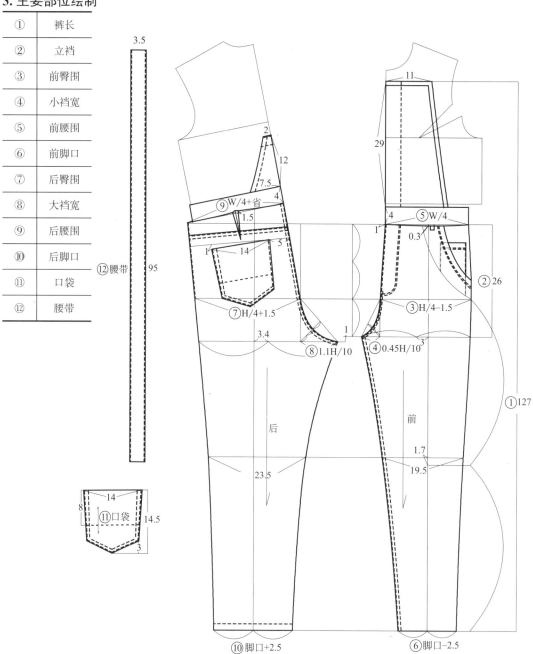

4. 裁片纸样
面料放缝

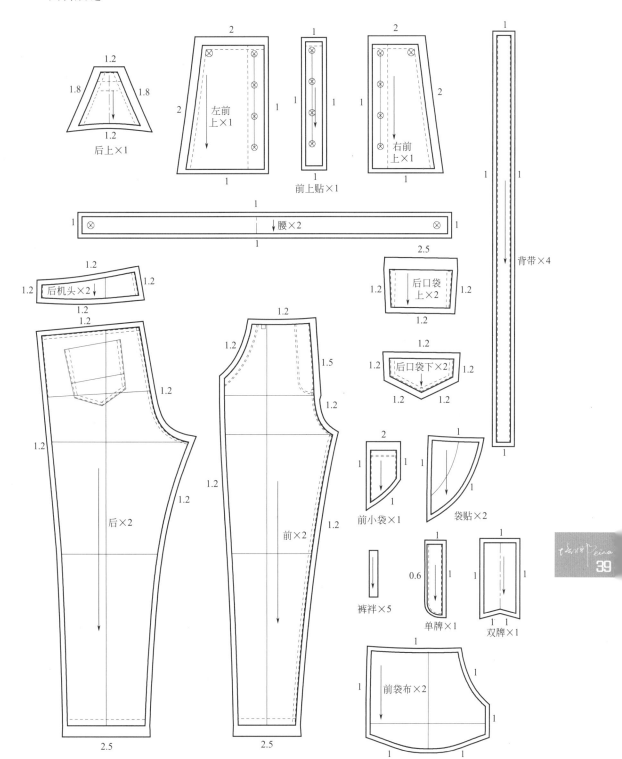

后上×1

左前
上×1

前上贴×1

右前
上×1

↓腰×2

背带×4

后机头×2↓

后口袋
上×2

后口袋下×2

后×2

前×2

前小袋×1

袋贴×2

裤袢×5

单牌×1

双牌×1

前袋布×2

背带宽4.5cm

我把那些已逝去的尘世繁荣带到我的世界中。

1. 款式说明

该款背带裤的裤型为萝卜裤，脚口收住，上半身较为宽松。其上身与裤子的分割处采用抽褶的设计，减少了服装的单调感。整体风格较为中性休闲。

2. 基本尺寸（单位：cm）

尺寸 \ 部位	裤长	腰围	臀围	立裆	脚口
160/68A	98	98	106	31	16

3. 主要部位绘制

①	裤长
②	立裆
③	前臀围
④	小裆宽
⑤	前腰围
⑥	前脚口
⑦	后臀围
⑧	大裆宽
⑨	后腰围
⑩	后脚口
⑪	腰带

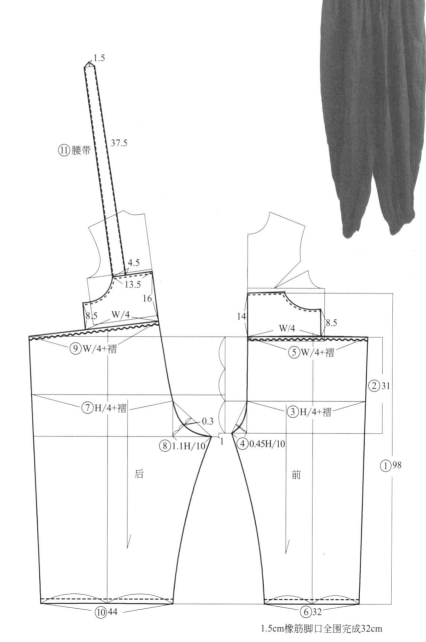

1.5cm橡筋脚口全围完成32cm

4. 裁片纸样
面料放缝

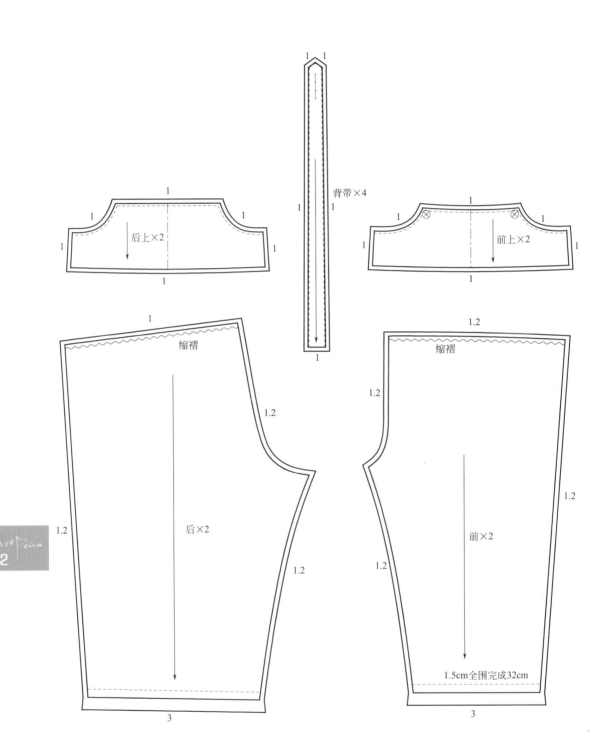

背带×4

后上×2

前上×2

缩褶

后×2

缩褶

前×2

1.5cm全围完成32cm

腰带5cm

褶

省

我的生命因与万物一同遨游在空间的湛蓝、时间的墨黑中而感到欢喜。

1. 款式说明

该款裤子为不规则分割阔腿裤。整体款式简洁大方，整体风格呈现出简洁干练的感觉，较为中性休闲。

2. 基本尺寸（单位：cm）

尺寸\部位	裤长	腰围	臀围	立裆	脚口
160/68A	80	72	112	30.5	46

3. 主要部位绘制

①	裤长
②	立裆
③	前臀围
④	小裆宽
⑤	前腰围
⑥	前脚口
⑦	后臀围
⑧	大裆宽
⑨	后腰围
⑩	后脚口

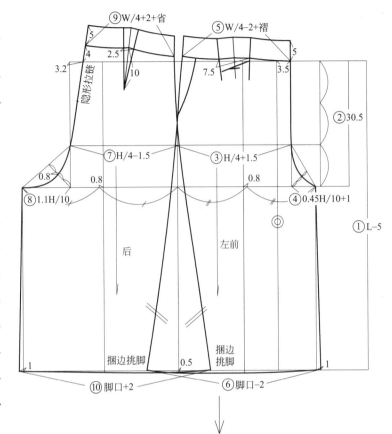

4. 裁片纸样

面料放缝

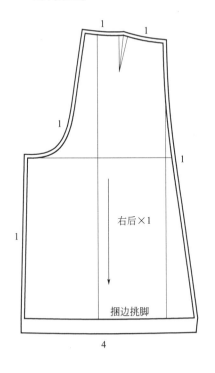

右后×1

捆边挑脚

4

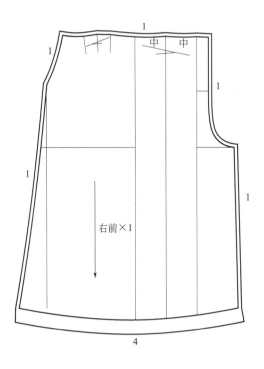

中 中

右前×1

4

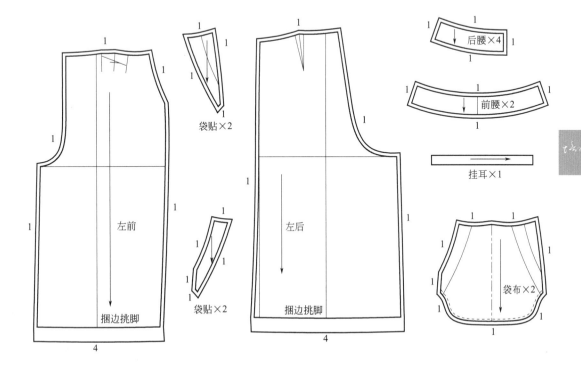

左前

捆边挑脚

4

袋贴×2

袋贴×2

左后

捆边挑脚

4

后腰×4

前腰×2

挂耳×1

袋布×2

"谁如命运似的鞭策我前进呢?" "是我自己，在身后大步向前走着。"

拉链

省

1. 款式说明

该款裤子为微型喇叭裤，裤长较长，起到修饰腿型、拉长下身比例的作用。

2. 基本尺寸（单位：cm）

尺寸 \ 部位	裤长	腰围	臀围	立裆	脚口
160/68A	102.5	76	96	24	29.5

3. 主要部位绘制

①	裤长
②	立裆
③	前臀围
④	小裆宽
⑤	前腰围
⑥	前脚口
⑦	后臀围
⑧	大裆宽
⑨	后腰围
⑩	后脚口

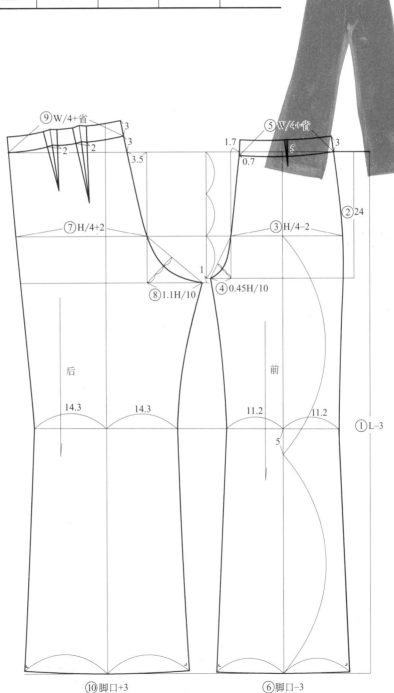

4. 裁片纸样

面料放缝

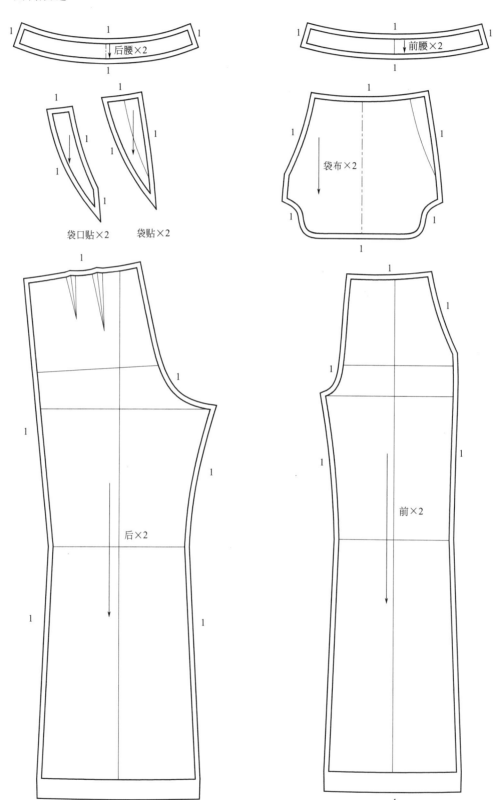

后腰×2

↓前腰×2

袋口贴×2   袋贴×2

袋布×2

后×2

前×2

4   4

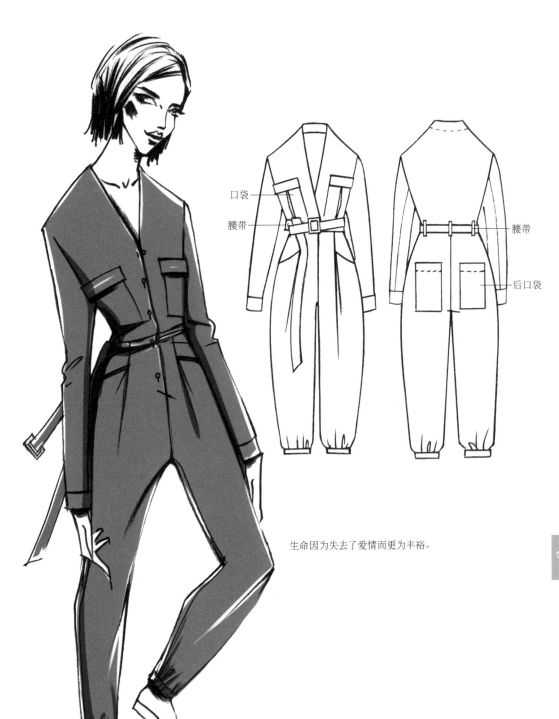

口袋

腰带

腰带

后口袋

生命因为失去了爱情而更为丰裕。

1. 款式说明

该款裤子为工装连体裤，整体款式简洁大方，整体风格呈现出简洁干练的感觉。

2. 基本尺寸（单位：cm）

尺寸＼部位	衣长	胸围	肩宽	腰围	臀围	领	袖长	袖口	立裆	中裆	脚口
160/68A	148	110	65	90	104	45	45	14	36.5	27	22

3. 主要部位绘制

①	后中长
②	后领宽
③	后领深
④	后肩宽
⑤	后落肩
⑥	后胸围
⑦	后腰围
⑧	前衣长
⑨	前领宽
⑩	前领深
⑪	前肩宽
⑫	前落肩
⑬	前胸围
⑭	前腰围
⑮	裤长
⑯	立裆
⑰	前臀围
⑱	小裆宽
⑲	前脚口
⑳	后臀围
㉑	大裆宽
㉒	后脚口
㉓	袖
㉔	腰带

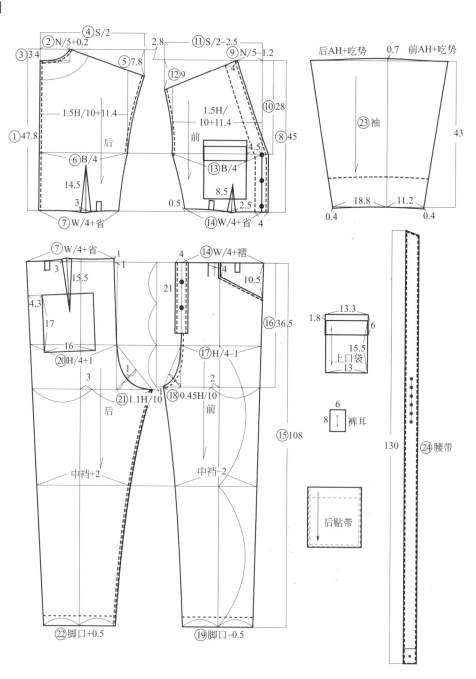

4. 裁片纸样

面料放缝

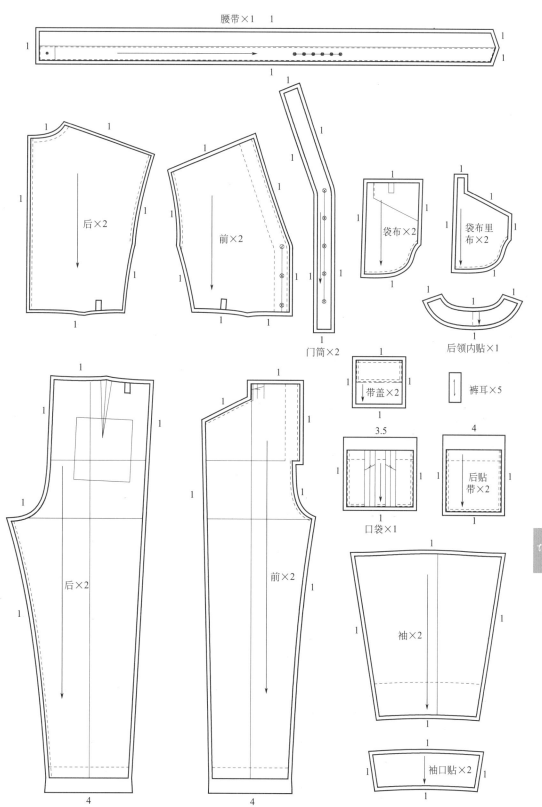

腰带×1

后×2

前×2

门筒×2

袋布×2

袋布里布×2

后领内贴×1

带盖×2

裤耳×5

3.5

口袋×1

4

后贴带×2

后×2

前×2

袖×2

袖口贴×2

CHAPTER 04　裙装结构设计与制版

腰头4cm

不对称设计

当太阳横穿西海时，在东方留下他最后的致意。

1. 款式说明

　　该款半裙采用不对称的设计，前片侧边开衩设计。整体款式风格简洁大方。

2. 基本尺寸（单位：cm）

尺寸 \ 部位	前裙长	后裙长	腰围	臀围	臀高
160/68A	76	81.5	74	100	18

3. 主要部位绘制

①	前裙长
②	臀高
③	前臀围
④	前腰围
⑤	前腰头
⑥	后裙长
⑦	后臀围
⑧	后腰围

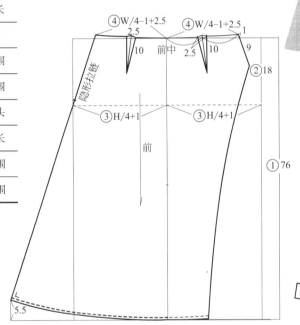

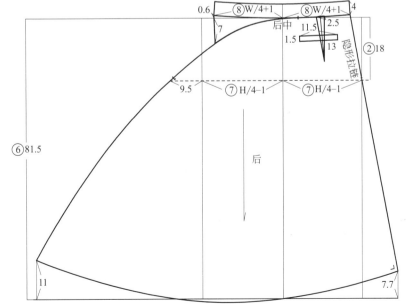

4. 裁片纸样

（1）面料放缝

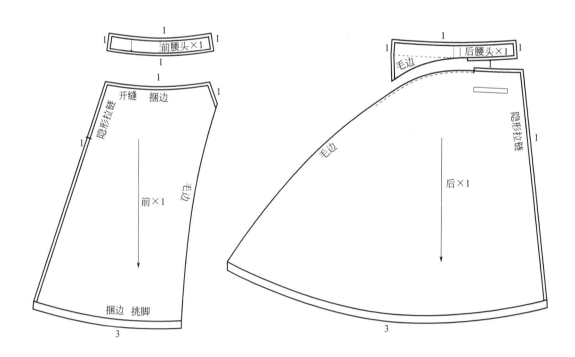

（2）里料放缝

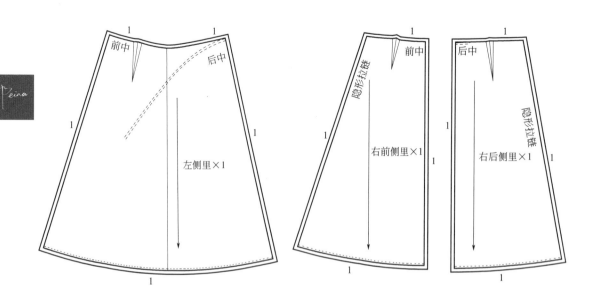

2cm罗纹

2cm罗纹

正面款式图

背面款式图

我不能选择最好的，是那最好的来选择我。

1. 款式说明

　　该款连衣裙为直筒连衣裙，整体造型呈 H 形。该款裙子的设计亮点在于肩部和袖子处的减法设计，增加了裙子的通透性和灵活性。

2. 基本尺寸（单位：cm）

部位 尺寸	前裙长	胸围	肩宽	领	袖长	袖口
160/68A	100	140	76	50	16.5	13.5

3. 主要部位绘制

①	前裙长
②	前领宽
③	前领深
④	前肩宽
⑤	前落肩
⑥	前胸围
⑦	前底摆
⑧	后中长
⑨	后领宽
⑩	后领深
⑪	后肩宽
⑫	后落肩
⑬	后胸围
⑭	后底摆
⑮	袖长
⑯	袖山高
⑰	袖口
⑱	领

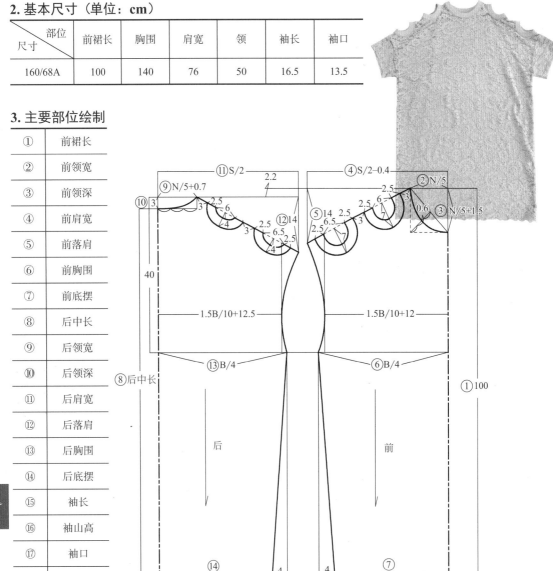

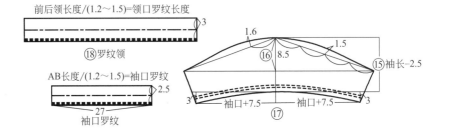

4. 裁片纸样

面料放缝

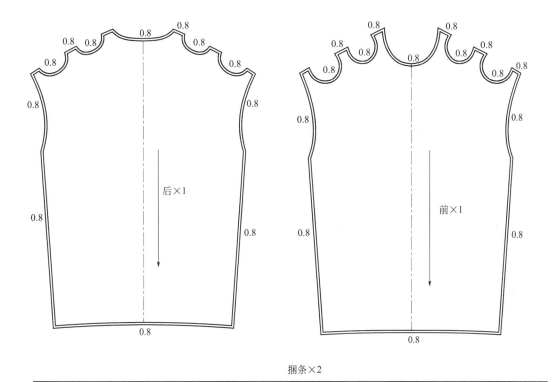

后×1

前×1

0.8 0.8 0.8 0.8 0.8 0.8 0.8 0.8 0.8 0.8
0.8 0.8 0.8 0.8 0.8 0.8 0.8 0.8
0.8 0.8 0.8 0.8
0.8 0.8 0.8 0.8
0.8 0.8

捆条×2

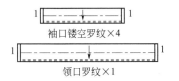

袖口镂空罗纹×4

1 1

领口罗纹×1

1 1

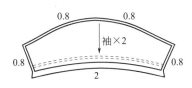

袖×2

0.8 0.8
0.8 0.8
2

59

褶

开衩

不对称设计

口袋

缉明线10cm

我是秋天的云，空空无雨，但在成熟的稻田里，可以看见我的充实。

1. 款式说明

该款半裙整体造型为 A 字形，双层拼接设计，里层采用风琴褶，增加了裙子的韵律感。外层为不规则设计，里层与外层下摆的长度不同，增加了服装的空间感和层次感。

2. 基本尺寸（单位：cm）

尺寸＼部位	前裙长	后裙长	腰围	臀围	臀高
160/68A	60/76	73	70	102	18

3. 主要部位绘制

①	前裙长
②	臀高
③	前臀围
④	前腰围
⑤	前底摆
⑥	后裙长
⑦	后臀围
⑧	后腰围
⑨	后底摆
⑩	口袋
⑪	腰带

4. 裁片纸样

面料放缝

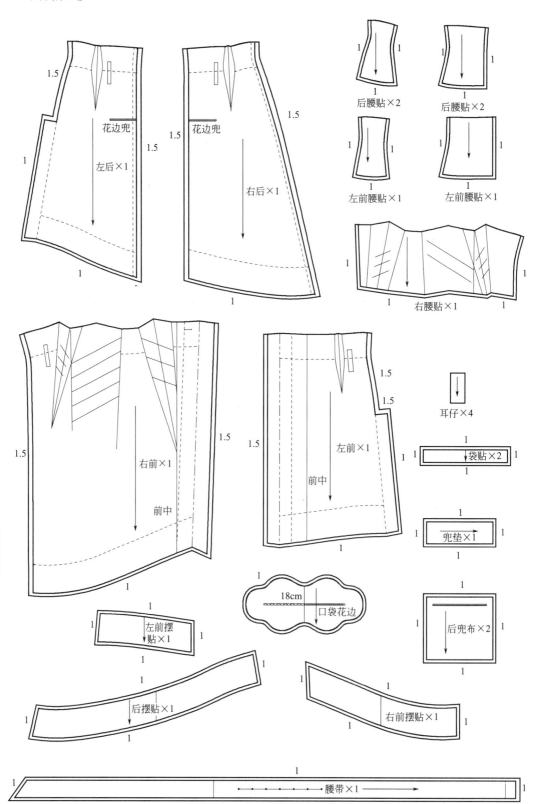

1.5

花边兜

左后×1

1

1

后腰贴×2

后腰贴×2

左前腰贴×1

左前腰贴×1

1.5

花边兜

右后×1

1.5

1.5

右腰贴×1

1.5

右前×1

前中

1.5

1.5

左前×1

前中

1

耳仔×4

袋贴×2

兜垫×1

18cm

口袋花边

后兜布×2

左前摆
贴×1

后摆贴×1

右前摆贴×1

腰带×1

这是一个梦，万物放荡不羁，压迫着我。

1. 款式说明

该款半裙整体造型为 A 字形，裙摆为不规则设计。

2. 基本尺寸（单位：cm）

尺寸＼部位	前裙长	后裙长	腰围	臀围	臀高
160/68A	53	59	74	96	16

3. 主要部位绘制

①	前裙长
②	臀高
③	前臀围
④	前腰围
⑤	前底摆
⑥	后裙长
⑦	后臀围
⑧	后腰围
⑨	后底摆
⑩	腰头

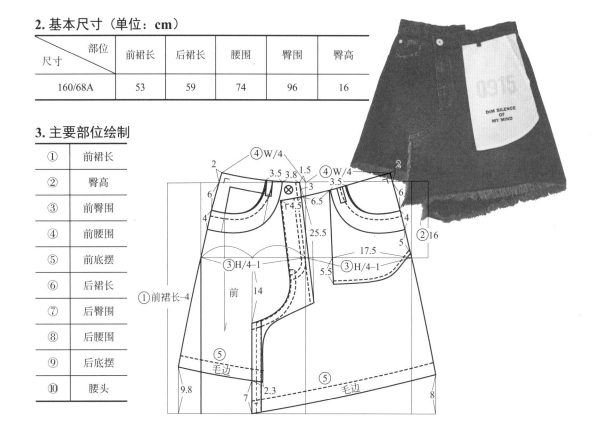

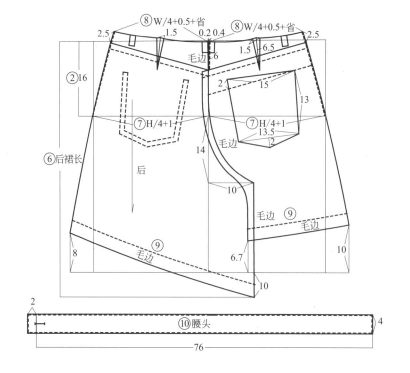

4. 裁片纸样

面料放缝

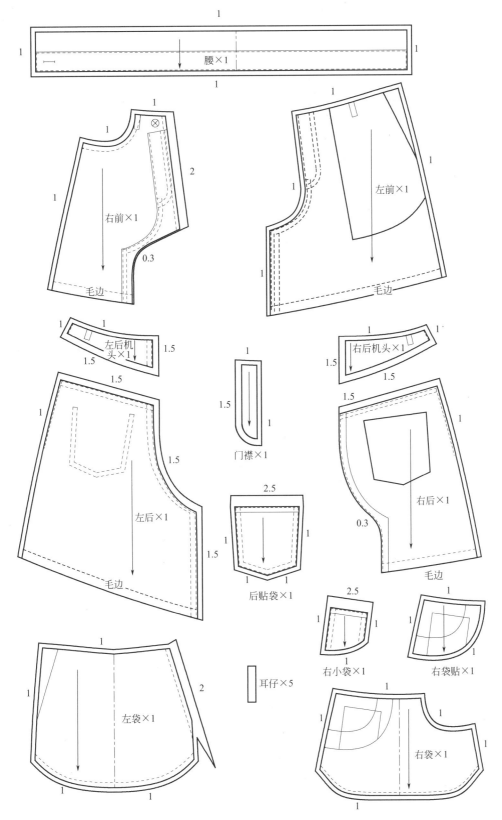

腰×1

右前×1

2

0.3

左前×1

毛边

毛边

左后机头×1

1.5

1.5

1.5

1.5

右后机头×1

1.5

1.5

门襟×1

1.5

1.5

左后×1

1.5

1.5

1.5

右后×1

0.3

毛边

毛边

2.5

后贴袋×1

2.5

右小袋×1

右袋贴×1

耳仔×5

左袋×1

2

右袋×1

腰头4cm

拉链

后中

缉明线1cm

听，我的心啊，听那世界的呢喃，这是它对你爱的呼唤。

1. 款式说明

该款半裙前中处采用斜裁的设计手法，将面料的垂坠感很好地表现出来，并且有一定的节奏感。整体风格较为优雅知性。

2. 基本尺寸（单位：cm）

尺寸＼部位	前裙长	后裙长	腰围	臀围	臀高
160/68A	72	76	72	96	18

3. 主要部位绘制

①	前裙长
②	臀高
③	前臀围
④	前腰围
⑤	前底摆
⑥	后裙长
⑦	后臀围
⑧	后腰围
⑨	后底摆
⑩	腰头
⑪	腰带

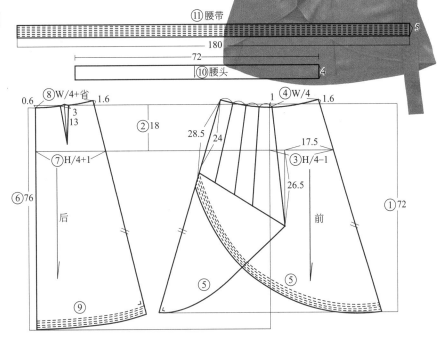

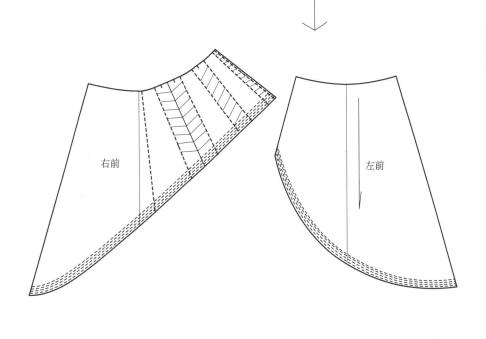

4. 裁片纸样

（1）面料放缝

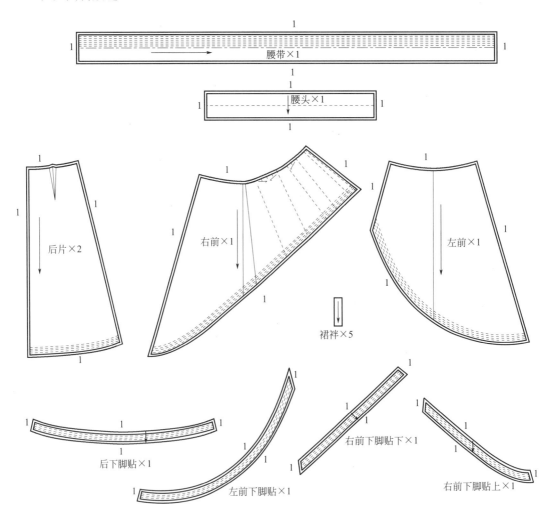

腰带×1

腰头×1

后片×2

右前×1

左前×1

裙衬×5

后下脚贴×1

左前下脚贴×1

右前下脚贴下×1

右前下脚贴上×1

（2）里料放缝

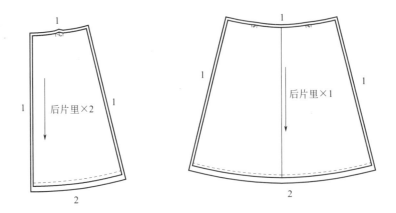

后片里×2

后片里×1

隐形拉链

穿橡筋

光明游玩于绿叶丛中，好似一个赤裸的
孩子，不知道人是可以撒谎的。

1. 款式说明

　　该款连衣裙为双排六粒装饰扣，上半身前片为不规则设计，后片采用橡筋拼接，增加了裙子穿脱的方便性。腰部微收，整体造型呈 A 形，款式风格简洁大方、利落干脆。

2. 基本尺寸（单位：cm）

尺寸 ＼ 部位	前裙长	胸围	肩宽	袖长	袖口	腰围	臀围	领
160/84A	107	92	36	60	22	70	100	40

3. 主要部位绘制

①	前衣长
②	前领宽
③	前领深
④	前肩宽
⑤	前落肩
⑥	前胸围
⑦	前腰围
⑧	后衣长
⑨	后领宽
⑩	后领深
⑪	后肩宽
⑫	后落肩
⑬	后胸围
⑭	后腰围
⑮	下裙长
⑯	臀高
⑰	前臀围
⑱	后臀围
⑲	袖长
⑳	袖山高
㉑	袖口
㉒	腰带

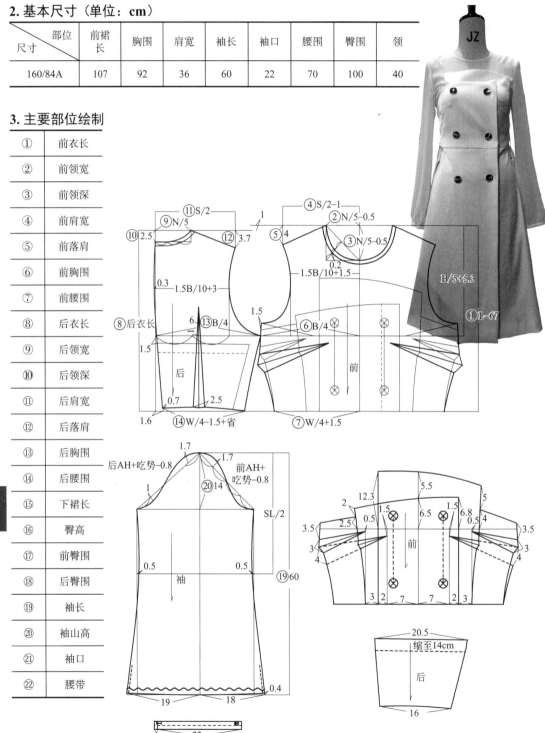

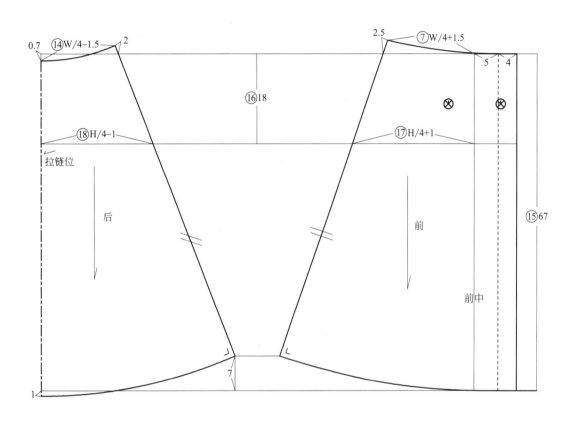

0.7 ⑭W/4-1.5 2   2.5 ⑦W/4+1.5

5 4

⑯18

⑱H/4-1   ⑰H/4+1   ⊗ ⊗

拉链位

后   前

⑮67

前中

7

1

7

12

㉒腰带   4

131

4. 裁片纸样

（1）面料放缝

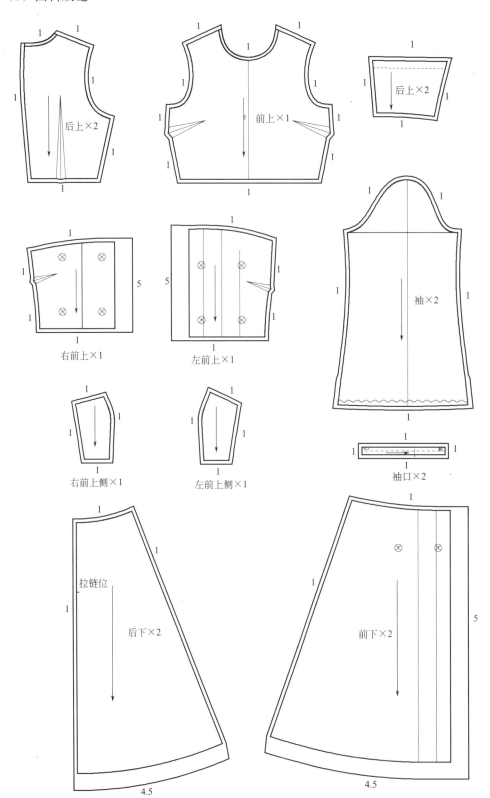

后上×2

前上×1

后上×2

右前上×1

左前上×1

袖×2

右前上侧×1

左前上侧×1

袖口×2

拉链位

后下×2

前下×2

（2）里料放缝

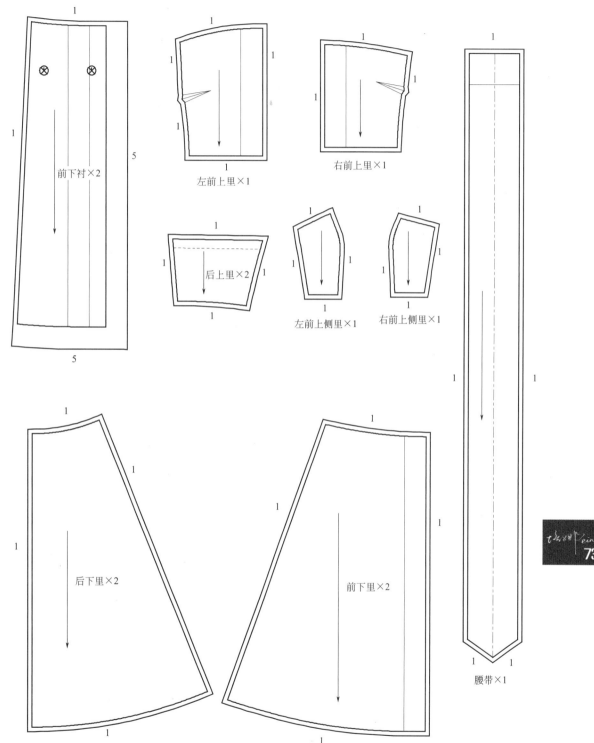

前下衬×2

左前上里×1

右前上里×1

后上里×2

左前上侧里×1

右前上侧里×1

后下里×2

前下里×2

腰带×1

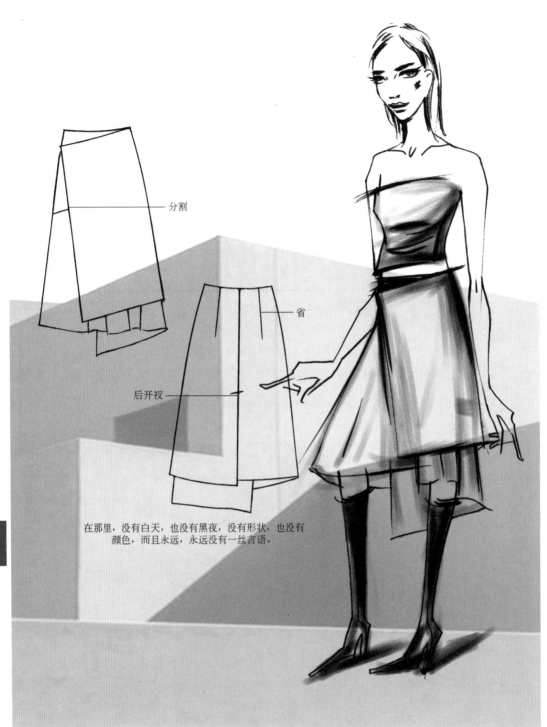

分割

省

后开衩

在那里，没有白天，也没有黑夜，没有形状，也没有
颜色，而且永远，永远没有一丝言语。

1. 款式说明

　　该款半裙为双层设计，整体上采用不规则设计，款式新颖。里层采用悬垂性较好的面料，外层的面料较为硬爽，软硬形成强烈对比。整体款式风格较为知性、优雅。

2. 基本尺寸（单位：cm）

尺寸　部位	前裙长	后裙长	腰围	臀围	臀高
160/68A	90	81.5	70	92	18

3. 主要部位绘制

①	前裙长
②	臀高
③	前臀围
④	前腰围
⑤	前底摆
⑥	后裙长
⑦	后臀围
⑧	后腰围
⑨	后底摆
⑩	腰头

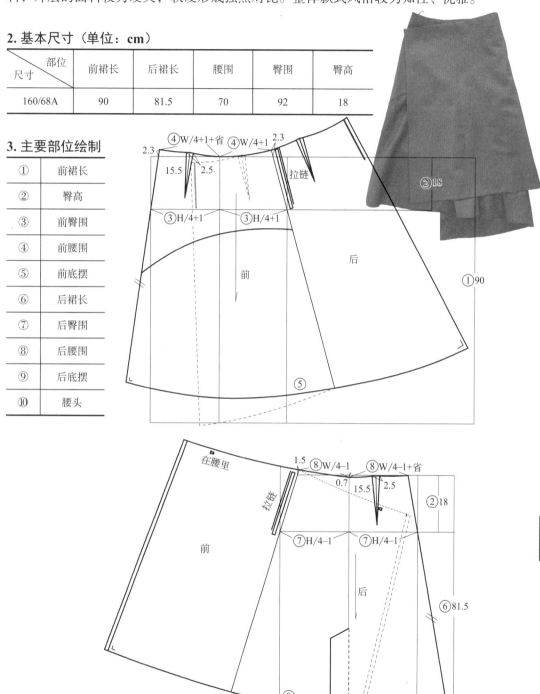

4. 裁片纸样

面料放缝

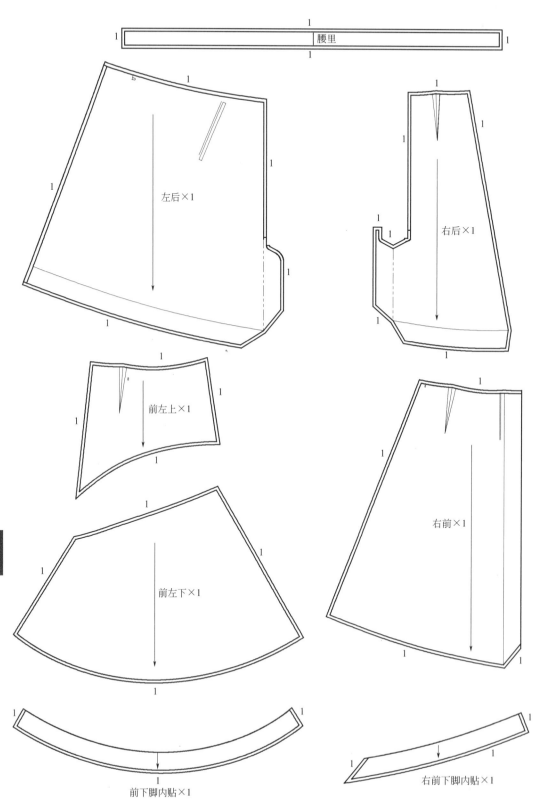

腰里

左后×1

右后×1

前左上×1

右前×1

前左下×1

前下脚内贴×1

右前下脚内贴×1

腰头4cm

分割

纱

后中

纱

我们越谦卑时，越接近伟大。

1. 款式说明

该款半裙采用面料拼接的设计手法，上半部分采用较为硬挺的面料，下半部分采用较为柔软的面料，形成强烈的对比。

2. 基本尺寸（单位：cm）

尺寸＼部位	裙长	胸围	臀围	臀高
160/68A	75.5	74	90	14

3. 主要部位绘制

①	前裙长
②	臀高
③	前臀围
④	前腰围
⑤	前底摆
⑥	后臀围
⑦	后腰围
⑧	后底摆
⑨	内里网纱
⑩	下脚网纱

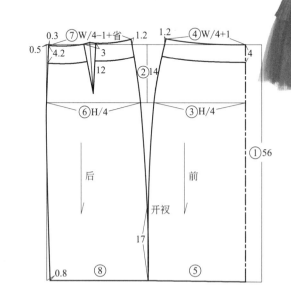

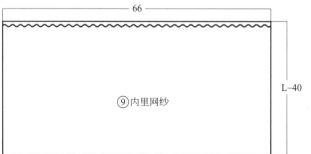

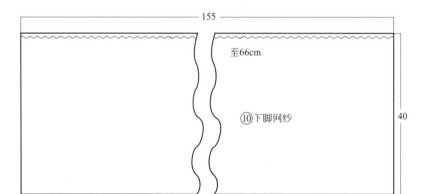

4. 裁片纸样

面料放缝

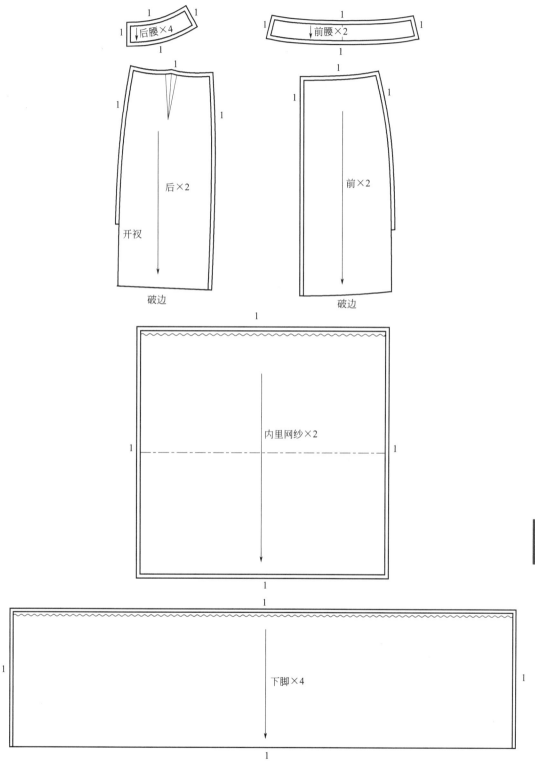

后腰×4

↓前腰×2

后×2

前×2

开衩

破边

破边

内里网纱×2

下脚×4

后背设计

橡筋

回声讥笑她的原声，借以证明她是原声。

1. 款式说明

该款连衣裙的裙摆采用风琴褶的设计手法，增加了服装的节奏感。上衣 V 字领，后背交叉设计，增加了服装的趣味性。

2. 基本尺寸（单位：cm）

部位 尺寸	裙长	胸围	腰围	肩宽
160/68A	109	94	74	32

3. 主要部位绘制

①	前裙长
②	腰围线
③	前领宽
④	前领深
⑤	前肩宽
⑥	前落肩
⑦	前胸围
⑧	前腰围
⑨	后中长
⑩	后领宽
⑪	后领深
⑫	后肩宽
⑬	后落肩
⑭	后胸围
⑮	后腰围

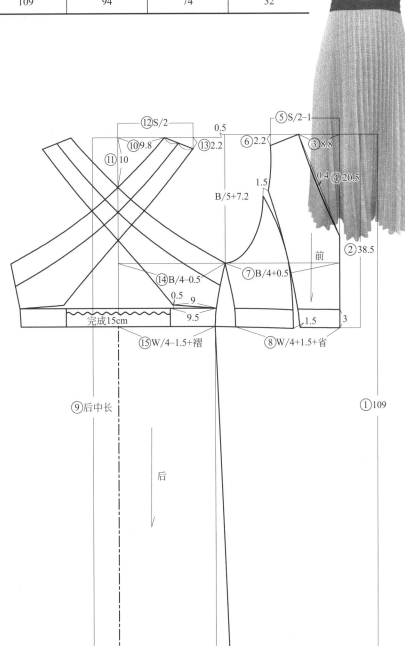

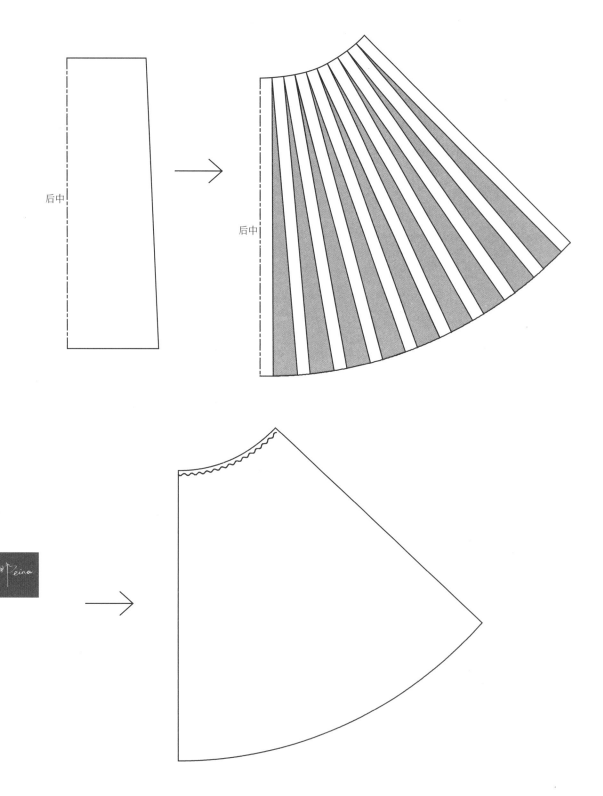

后中

后中

4. 裁片纸样

面料放缝

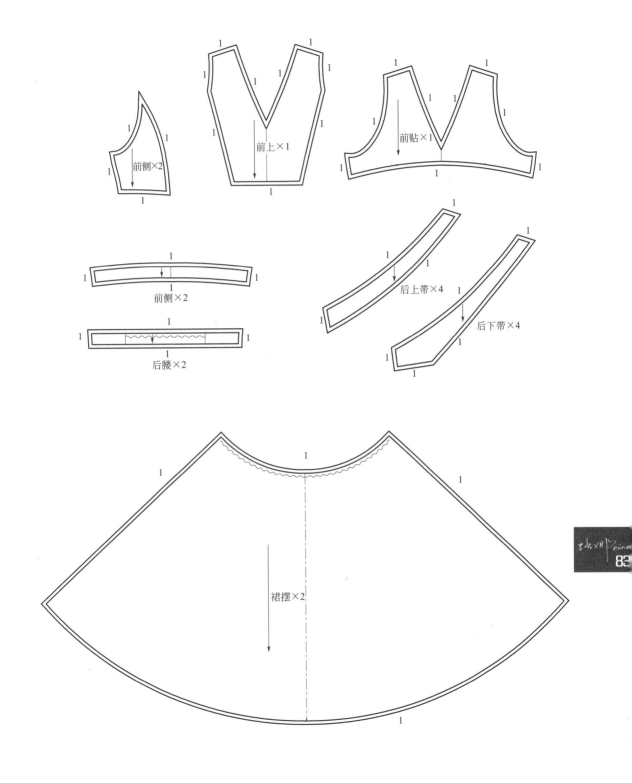

前侧×2

前上×1

前贴×1

前侧×2

后腰×2

后上带×4

后下带×4

裙摆×2

83

背带宽3.5cm

缉明线

贴口袋

缉明线

贴口袋

贴口袋

在心的远景里，距离显得更为宽广。

1. 款式说明

该款背带裙整体造型呈 H 形，穿着较为适体，采用大面积的面料分割，侧缝处用金属扣来闭合，整体感觉较为青春活泼。

2. 基本尺寸（单位：cm）

尺寸 \ 部位	裙长	胸围	臀围	臀高
160/68A	59	78	84	18

3. 主要部位绘制

①	前裙长
②	腰围线
③	臀高
④	前腰围
⑤	前臀围
⑥	前底摆
⑦	背带
⑧	后腰围
⑨	后臀围
⑩	后底摆

4. 裁片纸样

面料放缝

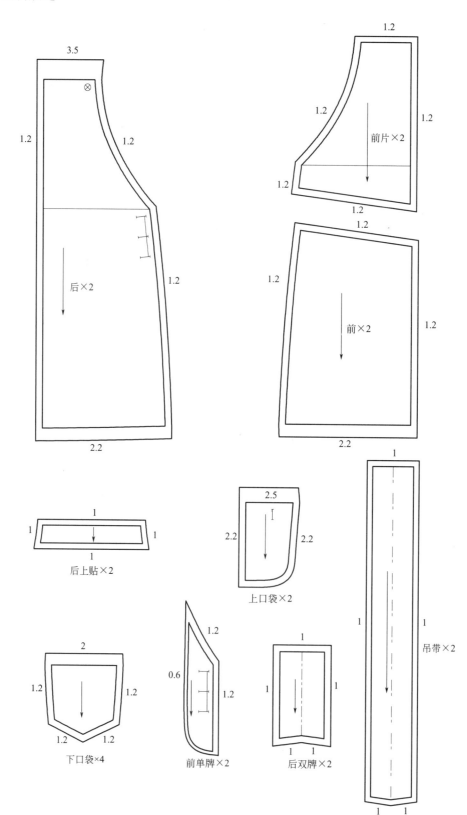

3.5

1.2

1.2

1.2

后×2

1.2

2.2

1.2

1.2

1.2

1.2

1.2

前片×2

1.2

1.2

1.2

1.2

前×2

1.2

2.2

1

后上贴×2

1

1

1

2.5

2.2

2.2

上口袋×2

1

吊带×2

1

1

1

1

2

1.2

1.2

下口袋×4

1.2

1.2

1.2

0.6

1.2

前单牌×2

1

1

1

后双牌×2

1

1

缉明线0.5cm

缉明线0.5cm

贴口袋

缉明线2cm

我的存在，是一个永恒的惊奇，这就是人生。

1. 款式说明

该款背带裙整体造型呈 H 形，前片有两个大的贴口袋，减少了服装的单调感。该款式的整体风格较为新颖、潮流。

2. 基本尺寸（单位：cm）

尺寸 \ 部位	裙长	胸围	臀围	臀高
160/68A	104	102	110	18

3. 主要部位绘制

①	前裙长
②	腰围线
③	臀高
④	前腰围
⑤	前臀围
⑥	前底摆
⑦	后腰围
⑧	后臀围
⑨	后底摆
⑩	背带

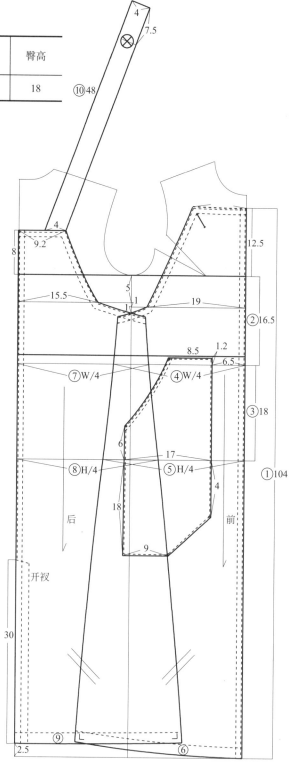

4. 裁片纸样
面料放缝

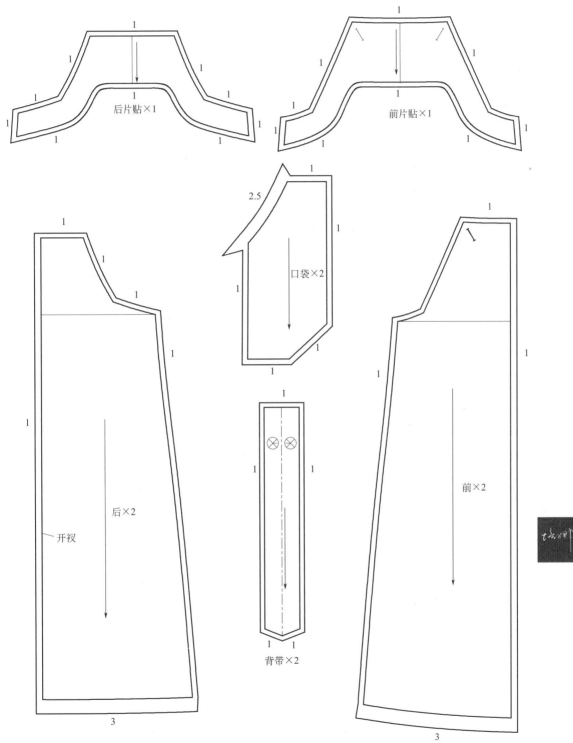

后片贴×1

前片贴×1

2.5

口袋×2

前×2

后×2

开衩

背带×2

3

3

背带宽5cm —

腰带

沉默蕴涵着言语，宛如鸟巢怀抱着睡鸟。

1. 款式说明

该款背带连衣裙以风衣的款式为基型，大翻领作为前胸的设计，双排扣，整体风格为通勤职业风。

2. 基本尺寸（单位：cm）

尺寸 \ 部位	裙长	胸围	腰围	臀围	臀高
160/84A	114	108	112	90	18

3. 主要部位绘制

①	前裙长
②	腰围线
③	臀高
④	前胸围
⑤	前腰围
⑥	前底摆
⑦	后胸围
⑧	后腰围
⑨	后底摆
⑩	背带
⑪	腰带

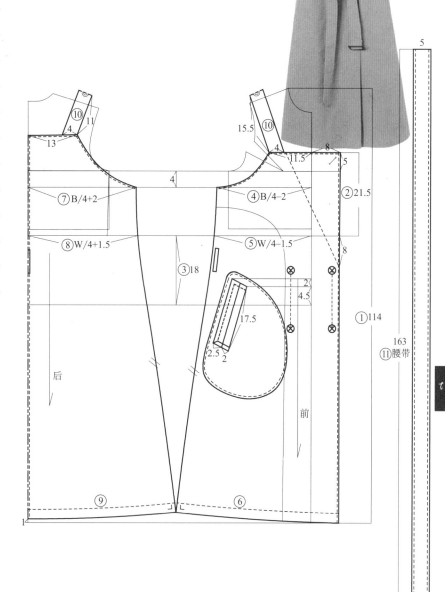

4. 裁片纸样

面料放缝

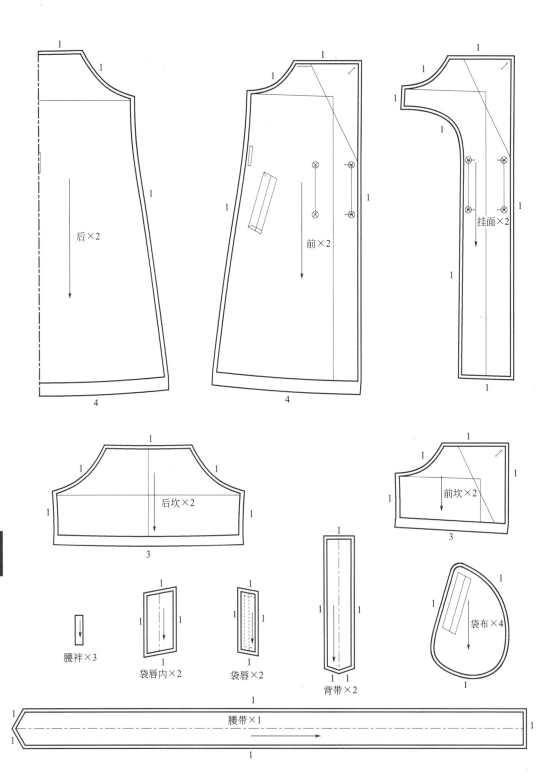

后×2

前×2

挂面×2

后坎×2

前坎×2

腰袢×3

袋唇内×2

袋唇×2

背带×2

袋布×4

腰带×1

CHAPTER 05 衬衫结构设计与制版

你看不见自己，你所见到的只是自己的影子。

1. 款式说明

该款衬衫最大的设计亮点在于胸前的荷叶边设计。袖口的荷叶边与胸前荷叶边相呼应，整体风格为淑女风。

2. 基本尺寸（单位：cm）

尺寸 ＼ 部位	前衣长	胸围	肩宽	袖长	袖口	领
160/84A	65.5	102	38	66	25	39

3. 主要部位绘制

①	后中长
②	后领宽
③	后领深
④	后肩宽
⑤	后落肩
⑥	后胸围
⑦	后底摆
⑧	前衣长
⑨	前领宽
⑩	前领深
⑪	前肩宽
⑫	前落肩
⑬	前胸围
⑭	前底摆
⑮	袖长
⑯	袖山高
⑰	袖口
⑱	领

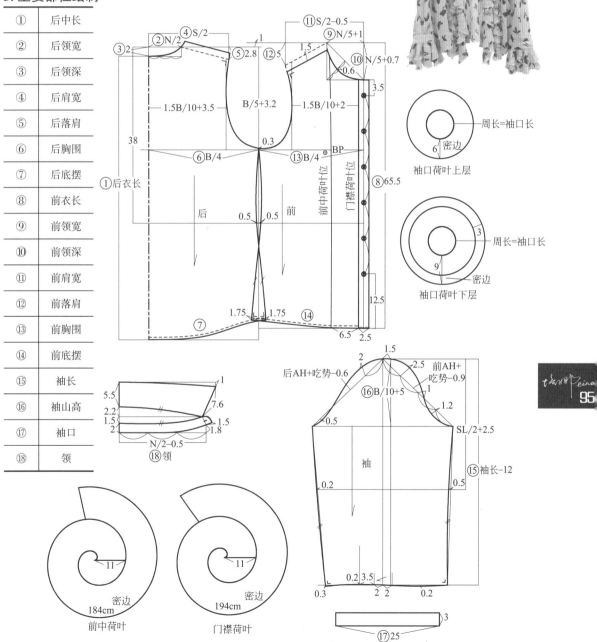

4. 裁片纸样

面料放缝

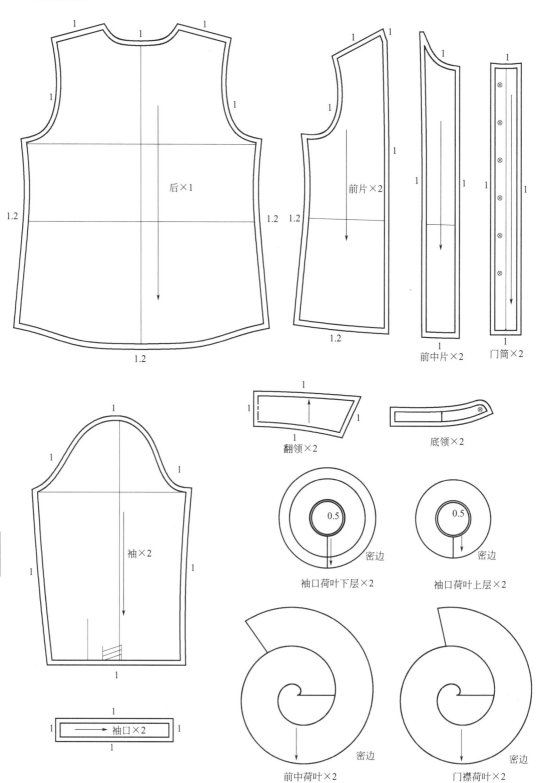

后×1

前片×2

前中片×2

门筒×2

翻领×2

底领×2

袖×2

袖口荷叶下层×2

0.5

密边

袖口荷叶上层×2

0.5

密边

袖口×2

前中荷叶×2

密边

门襟荷叶×2

密边

这意念是犀利的，不是开阔的，它执着于每一点，却并不动弹。

荷叶领

1. 款式说明

该款衬衫胸前采用大面积的堆砌设计手法，与下半身简单的半裙设计形成鲜明的对比。

2. 基本尺寸（单位：cm）

尺寸　　部位	前衣长	胸围	肩宽	袖长	袖口	领
160/84A	66	100	38	61.5	23	40

3. 主要部位绘制

①	后中长
②	后领宽
③	后领深
④	后肩宽
⑤	后落肩
⑥	后胸围
⑦	后底摆
⑧	前衣长
⑨	前领宽
⑩	前领深
⑪	前肩宽
⑫	前落肩
⑬	前胸围
⑭	前底摆
⑮	袖长
⑯	袖山高
⑰	袖口
⑱	领

4. 裁片纸样
面料放缝

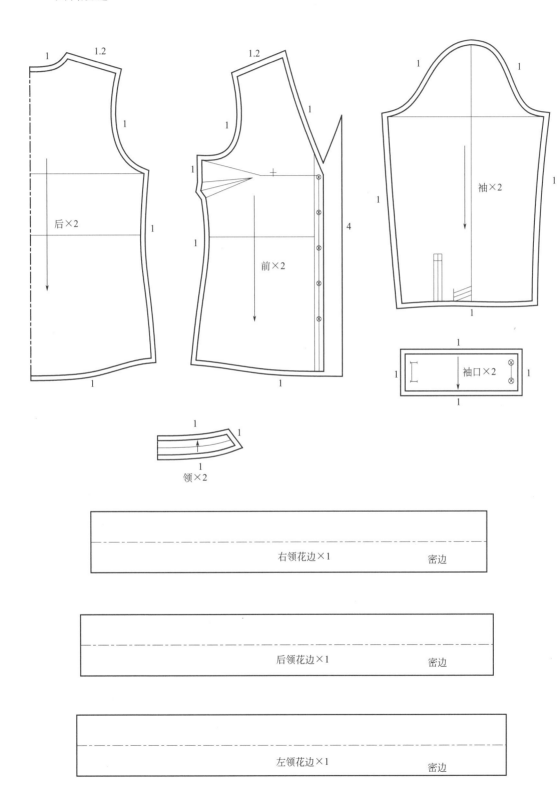

贴口袋

开衩

分割

前短后长

我的白昼已经完了，我就像一只停泊在海滩上的小船，聆听着晚潮奏起的舞曲。

1. 款式说明

　　该款衬衫下摆采用前短后长的设计，增加了服装的设计感。前片贴口袋，后片育克分割。整体款式造型呈 H 形，款式简洁大方。

2. 基本尺寸（单位：cm）

尺寸 ＼ 部位	前衣长	胸围	肩宽	袖长	袖口	领
160/84A	84	98	45	60	26	41

3. 主要部位绘制

①	后中长
②	后领宽
③	后领深
④	后肩宽
⑤	后落肩
⑥	后胸围
⑦	后底摆
⑧	前衣长
⑨	前领宽
⑩	前领深
⑪	前肩宽
⑫	前落肩
⑬	前胸围
⑭	前底摆
⑮	袖长
⑯	袖山高
⑰	袖口
⑱	领

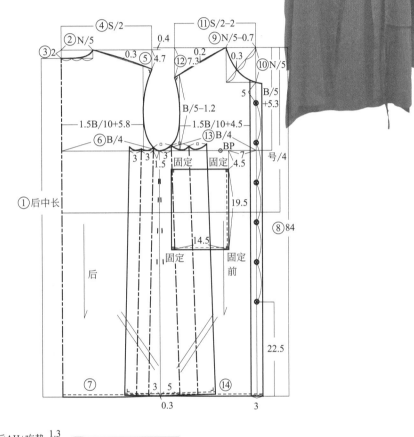

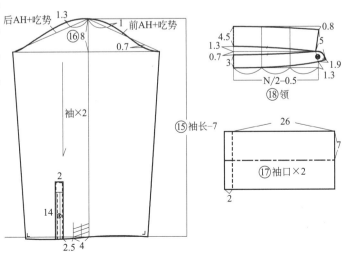

4. 裁片纸样

面料放缝

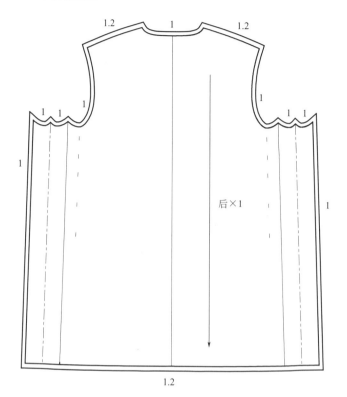

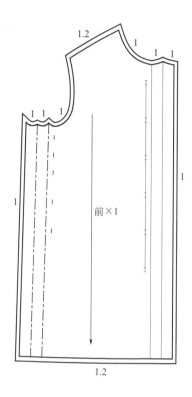

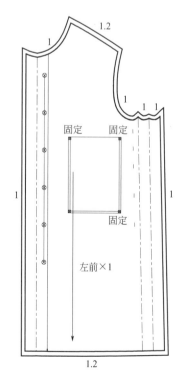

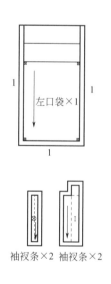

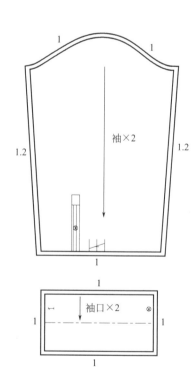

如海鸥与波涛相遇一般。我们邂逅了，靠近了。

分割————

收褶————

1. 款式说明

该款衬衫腰节处收褶设计，起到修饰腰身的作用。

2. 基本尺寸（单位：cm）

尺寸 \ 部位	前衣长	胸围	肩宽	袖长	袖口	领
160/84A	83	102	40	63	23.5	38

3. 主要部位绘制

①	后中长
②	后领宽
③	后领深
④	后肩宽
⑤	后落肩
⑥	后胸围
⑦	后底摆
⑧	前衣长
⑨	前领宽
⑩	前领深
⑪	前肩宽
⑫	前落肩
⑬	前胸围
⑭	前底摆
⑮	袖长
⑯	袖山高
⑰	袖口
⑱	领

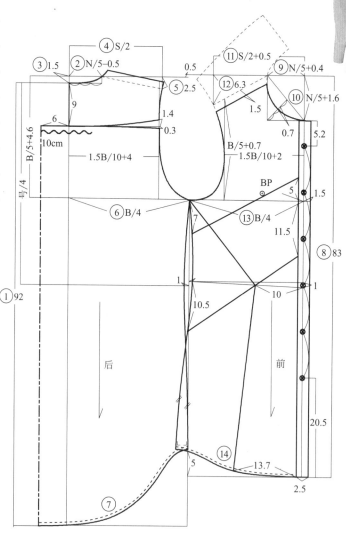

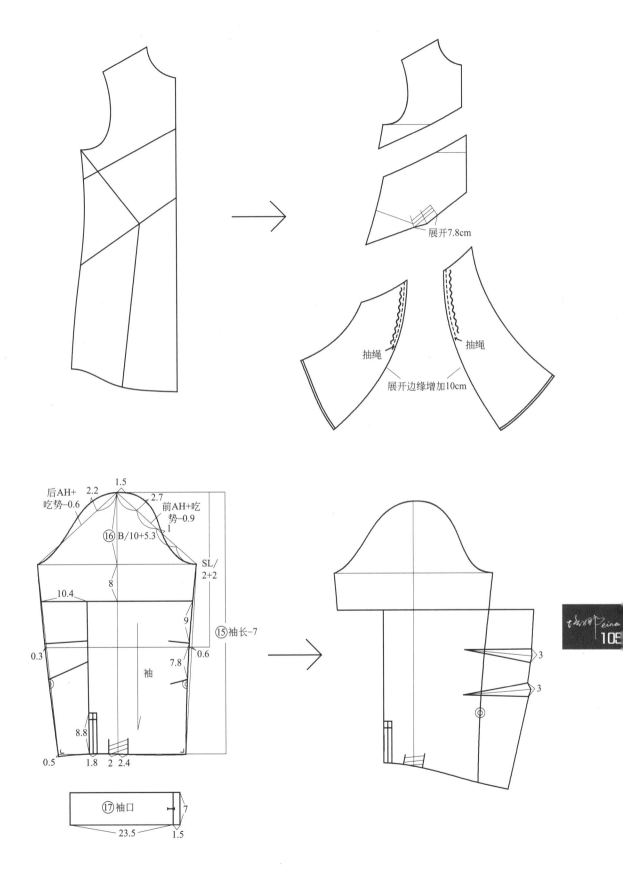

展开7.8cm

抽绳　　　　抽绳

展开边缘增加10cm

后AH+
吃势-0.6

1.5

2.2

2.7

前AH+吃
势-0.9

1

⑯ B/10+5.3

SL/
2+2

8

10.4

9

0.3

0.6

⑮ 袖长-7

袖

7.8

8.8

0.5

1.8　2　2.4

3

3

⑰ 袖口

7

23.5

1.5

4. 裁片纸样
面料放缝

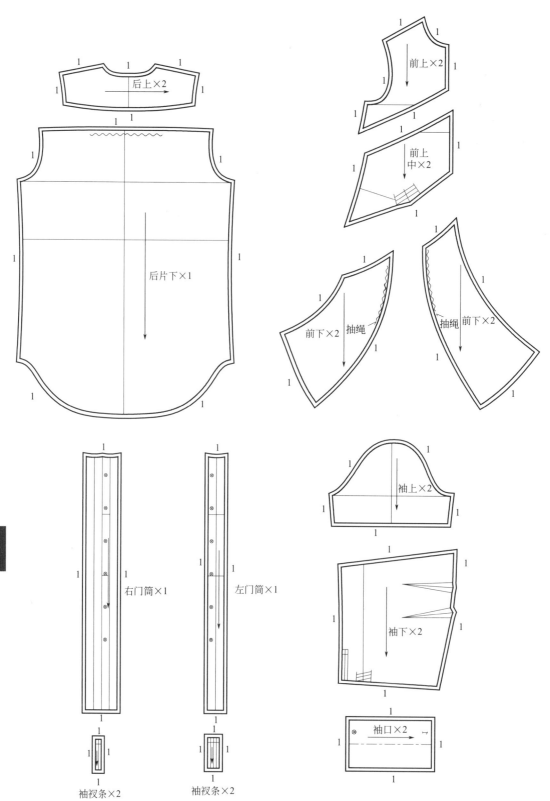

后上×2

前上×2

前上中×2

后片下×1

前下×2 抽绳

抽绳 前下×2

袖上×2

右门筒×1

左门筒×1

袖下×2

袖口×2

袖衩条×2

袖衩条×2

它们引领我从此门到彼门，它们与我一同摸索，探求着，触摸着我的世界。

贴口袋

开衩

1. 款式说明

　　该款衬衫整体简洁干脆，其设计亮点在于前片贴口袋的设计，口袋的位置和大小都进行了创新设计，给人耳目一新的感觉。

2. 基本尺寸（单位：cm）

尺寸 ＼ 部位	前衣长	胸围	肩宽	袖长	袖口	领
160/84A	90	120	56	48	25	38

3. 主要部位绘制

①	后中长
②	后领宽
③	后领深
④	后肩宽
⑤	后落肩
⑥	后胸围
⑦	后底摆
⑧	前衣长
⑨	前领宽
⑩	前领深
⑪	前肩宽
⑫	前落肩
⑬	前胸围
⑭	前底摆
⑮	袖长
⑯	袖山高
⑰	袖口
⑱	领

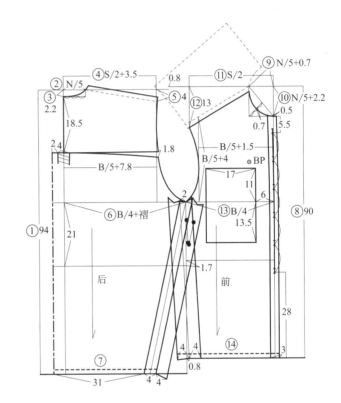

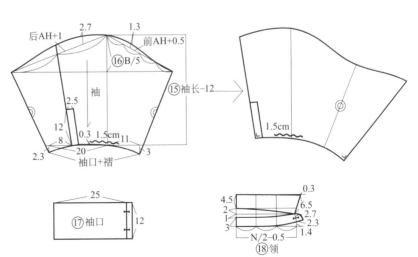

4. 裁片纸样

面料放缝

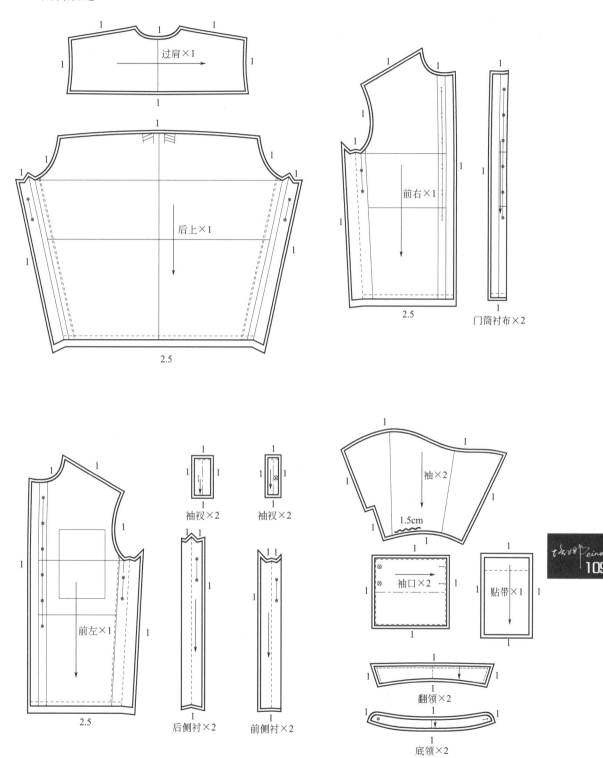

过肩×1

后上×1

2.5

前右×1

2.5

门筒衬布×2

后上×1

前左×1

2.5

袖衩×2

袖衩×2

后侧衬×2

前侧衬×2

袖×2

1.5cm

袖口×2

贴带×1

翻领×2

底领×2

CHAPTER 06　卫衣结构设计与制版

2cm罗纹

纱

正面款式图

2cm罗纹

纱

背面款式图

太阳微笑着向我致意。雨，他忧伤的姐妹，向我的心倾诉衷曲。

1. 款式说明

该款服装底摆左右不对称设计，采用纱质面料，整体款式结构比较宽松，简单大方，适合于休闲娱乐时穿着。

2. 基本尺寸（单位：cm）

尺寸 \ 部位	前衣长	胸围	肩宽	袖长	袖口	领
160/68A	90	123	55	26.5	23.5	47

3. 主要部位绘制

①	后中长
②	后领宽
③	后领深
④	后肩宽
⑤	后落肩
⑥	后袖窿深
⑦	后胸围
⑧	后底摆
⑨	前衣长
⑩	前领宽
⑪	前领深
⑫	前肩宽
⑬	前落肩
⑭	前袖窿深
⑮	前胸围
⑯	前底摆
⑰	袖长
⑱	袖山高
⑲	袖口
⑳	裙摆
㉑	领

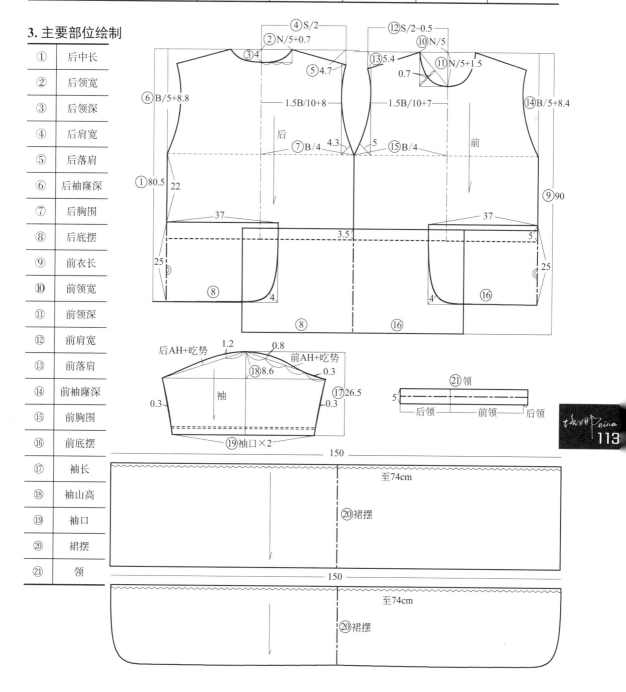

4. 裁片纸样

面料放缝

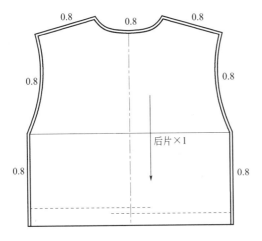

0.8　　0.8　　0.8

0.8　　　　　0.8

后片×1

0.8　　　　　0.8

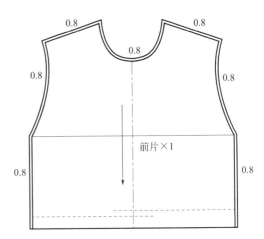

0.8　　　　0.8

0.8

0.8　　　　　0.8

前片×1

0.8　　　　　0.8

0.8　　0.8

袖×2

0.8　　　　　0.8

2.5

0.8　　0.8　　0.8

罗纹领×11

0.8

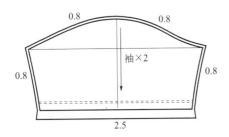

1.5

左下摆×1

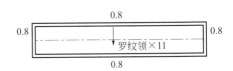

1.5

右下摆×1

YOU OOK

正面款式图

背面款式图

群星毫不畏惧自己看似像萤火虫。

1. 款式说明

该款卫衣裙整体廓形呈 A 字形，腰线位置上移，人的视觉也跟随上移，显得穿着者较为高挑。

2. 基本尺寸（单位：cm）

尺寸 \ 部位	前衣长	胸围	肩宽	袖长	袖口	领
160/84A	91	136	60	50	25	41

3. 主要部位绘制

①	后中长
②	后领宽
③	后领深
④	后肩宽
⑤	后落肩
⑥	后胸围
⑦	后底摆
⑧	前衣长
⑨	前领宽
⑩	前领深
⑪	前肩宽
⑫	前落肩
⑬	前胸围
⑭	前底摆
⑮	袖长
⑯	袖山高
⑰	袖口
⑱	裙摆
⑲	领

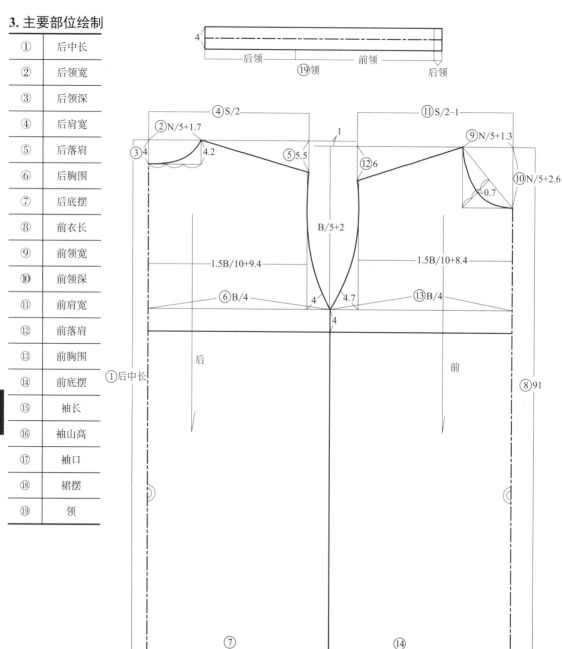

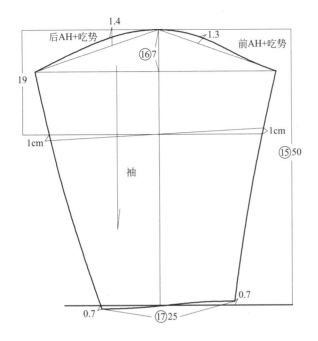

后AH+吃势　　1.4　　1.3　　前AH+吃势

⑯7

19

1cm　　　　　　　　　　　1cm

袖

1cm

⑮50

0.7　　　　　　　　　　0.7

0.7　　⑰25

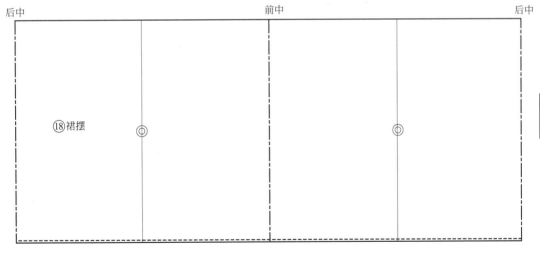

后中　　　　　　　　　　前中　　　　　　　　　　后中

⑱裙摆

4. 裁片纸样
面料放缝

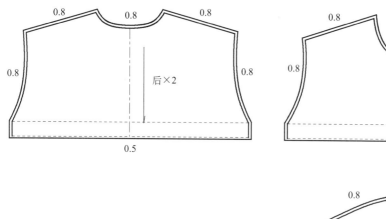

后×2

前×2

0.8 0.8 0.8
0.8 0.8
0.8 0.8
0.5

0.8 0.8 0.8
0.8 0.8
0.8 0.8
0.5

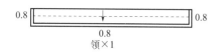

0.8   0.8
0.8
领×1

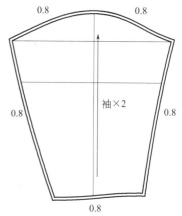

0.8   0.8
0.8   0.8
袖×2
0.8

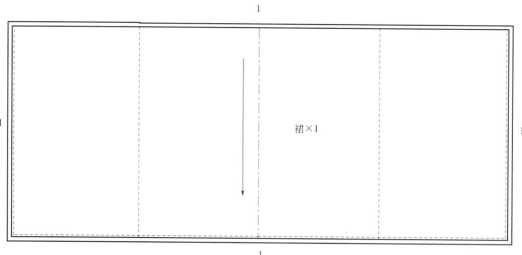

1

裙×1

1
1
1
1

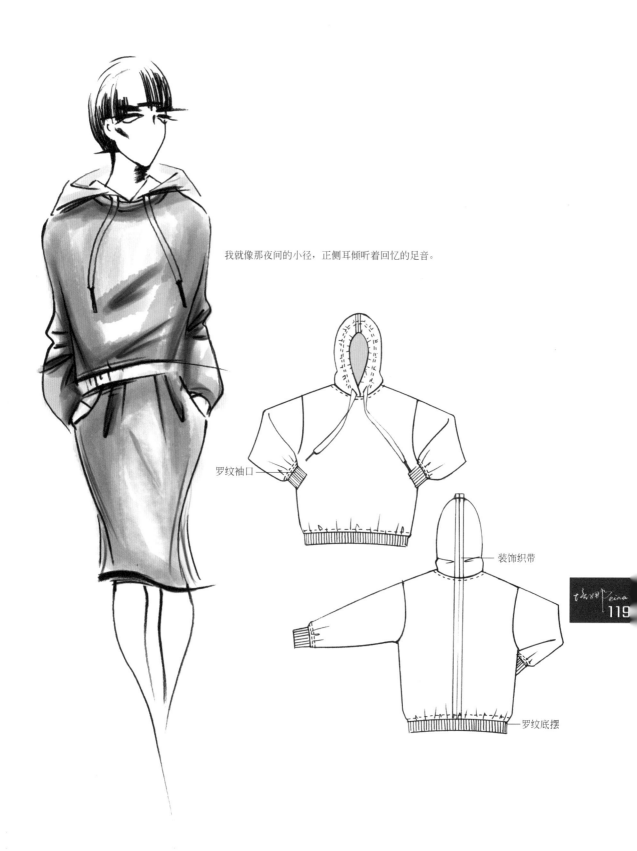

我就像那夜间的小径，正侧耳倾听着回忆的足音。

罗纹袖口

装饰织带

罗纹底摆

1. 款式说明

该款上衣为连帽卫衣，款式较为经典，下摆采用罗纹略收，穿着宽松舒适，适合于休闲娱乐时穿着。

2. 基本尺寸（单位：cm）

尺寸 部位	前衣长	胸围	肩宽	袖长	袖口	领
160/84A	70	114	54	52	19	50

3. 主要部位绘制

①	后中长
②	后领宽
③	后领深
④	后肩宽
⑤	后落肩
⑥	后胸围
⑦	后底摆
⑧	前衣长
⑨	前领宽
⑩	前领深
⑪	前肩宽
⑫	前落肩
⑬	前胸围
⑭	前底摆
⑮	袖长
⑯	袖山高
⑰	袖口
⑱	帽

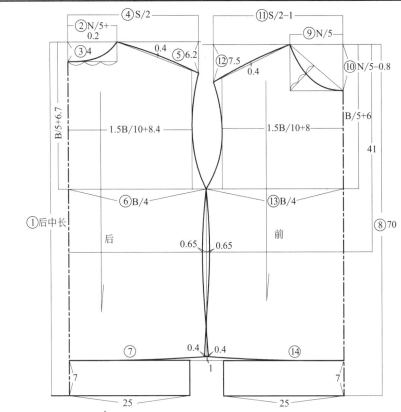

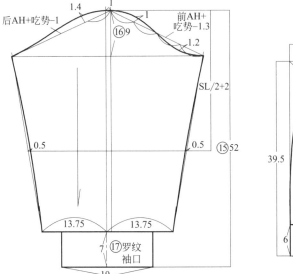

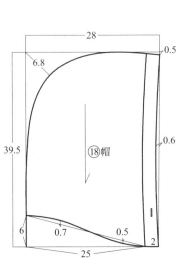

4. 裁片纸样

面料放缝

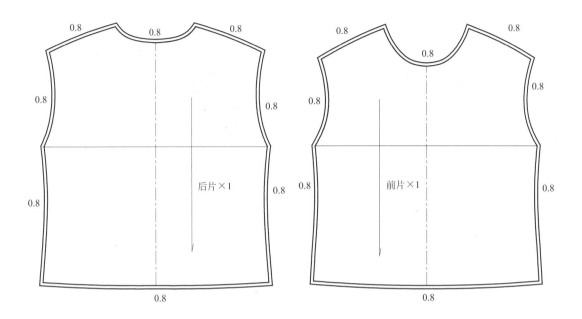

后片×1

前片×1

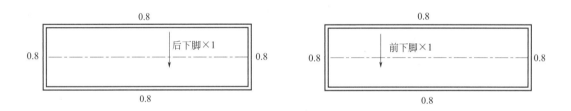

后下脚×1

前下脚×1

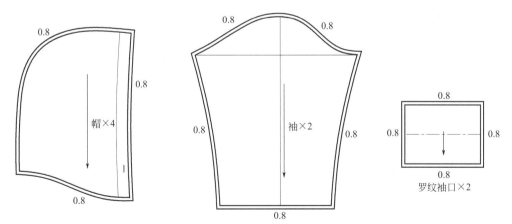

帽×4

袖×2

罗纹袖口×2

生命的跃动在它自己的乐曲里得到了休息。

分割

贴口袋

后中线

1. 款式说明

该款服装为连帽卫衣裙，插肩袖的设计使服装更加的休闲化。前片口袋的图案设计增加了服装的趣味性。整体服装风格为休闲可爱。

2. 基本尺寸（单位：cm）

尺寸＼部位	前衣长	胸围	肩宽	袖长	袖口	领
160/84A	99	138	40	54	15.5	40

3. 主要部位绘制

①	后中长
②	后领宽
③	后领深
④	后肩宽
⑤	后落肩
⑥	后胸围
⑦	后底摆
⑧	前衣长
⑨	前领宽
⑩	前领深
⑪	前肩宽
⑫	前落肩
⑬	前胸围
⑭	前底摆
⑮	袖长
⑯	袖口
⑰	帽

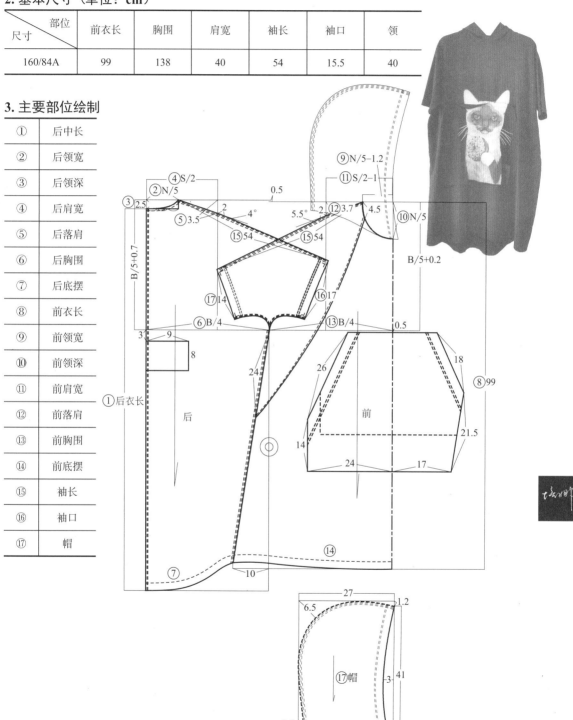

4. 裁片纸样

面料放缝

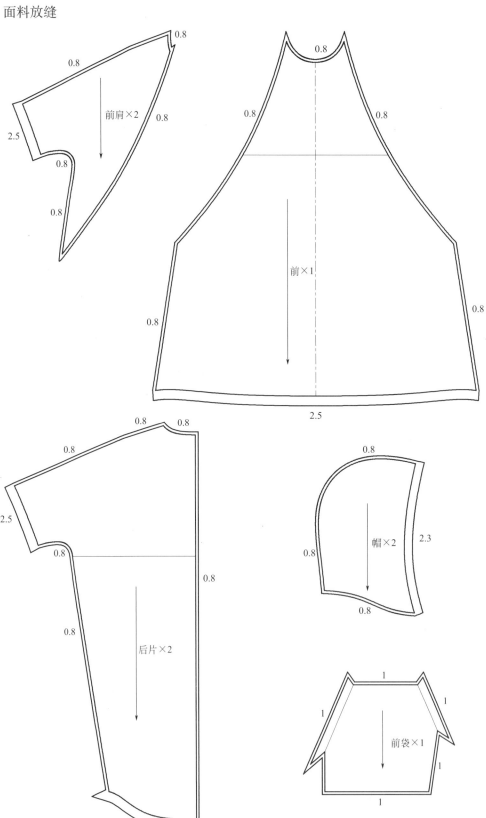

0.8

0.8

0.8

0.8

2.5

0.8

0.8

0.8

0.8

0.8

前肩×2

前×1

2.5

0.8

0.8

0.8

0.8

2.5

0.8

后片×2

0.8

0.8

0.8

帽×2

2.3

0.8

1

1

1

1

1

1

前袋×1

春天把花开过就告别了。如今落红遍地，我却等待而又流连。

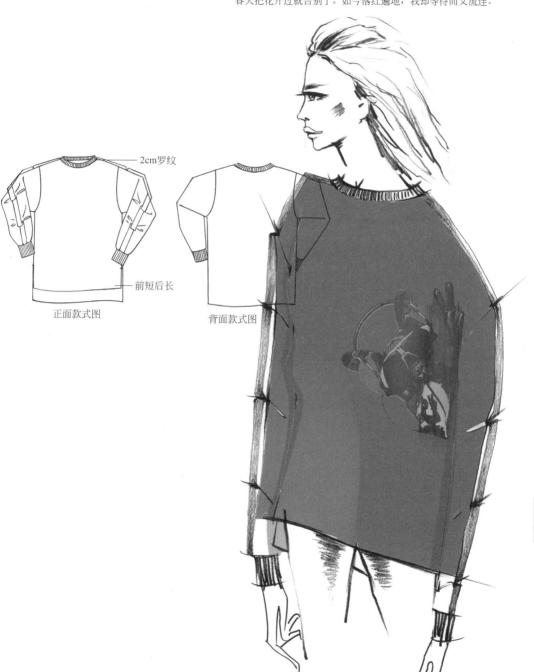

2cm罗纹

前短后长

正面款式图

背面款式图

1. 款式说明

该款卫衣在细节设计上，肩部采用分割的设计手法，袖子的抽褶设计类似于莲藕袖，使该款卫衣不显得单调。但是整体结构设计较为简单，整体风格较为休闲。

2. 基本尺寸（单位：cm）

尺寸 \ 部位	前衣长	胸围	肩宽	袖长	袖口	领
160/84A	73	134	66	78.5	20	54

3. 主要部位绘制

①	后中长
②	后领宽
③	后领深
④	后肩宽
⑤	后落肩
⑥	后胸围
⑦	后底摆
⑧	前衣长
⑨	前领宽
⑩	前领深
⑪	前肩宽
⑫	前落肩
⑬	前胸围
⑭	前底摆
⑮	袖长
⑯	袖山高
⑰	袖口
⑱	罗纹领

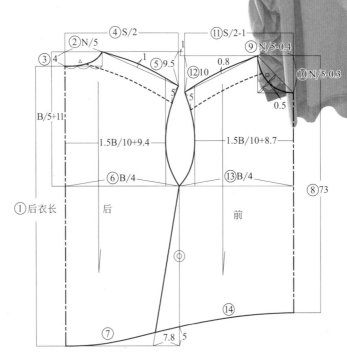

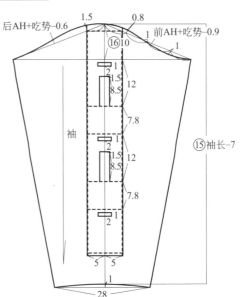

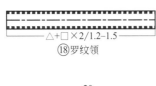

4. 裁片纸样

面料放缝

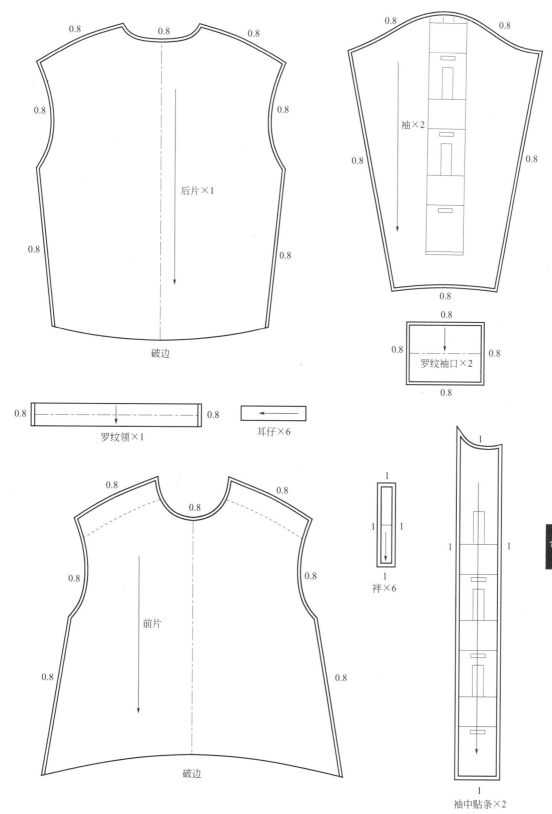

0.8   0.8   0.8

0.8   0.8

后片×1

0.8   0.8

0.8   0.8

破边

0.8   0.8

0.8

袖×2

0.8   0.8

0.8

0.8

0.8   0.8

罗纹袖口×2

0.8

0.8   罗纹领×1   0.8

耳仔×6

0.8   0.8   0.8

0.8

前片

0.8   0.8

0.8   0.8

破边

1

1   1

1

袢×6

1

1   1

1

袖中贴条×2

CHAPTER 07　外套结构设计与制版

有时我会因闲荡而懈怠，有时我会因惊醒而匆忙寻找自己该去的方向。

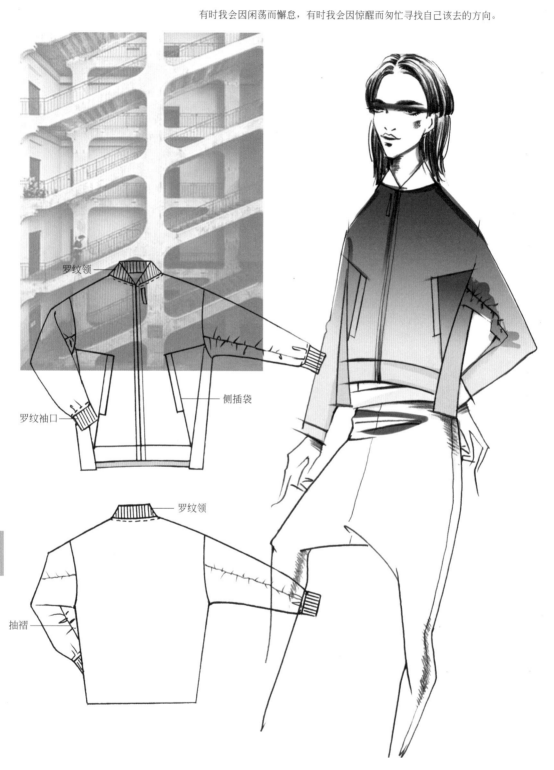

罗纹领

罗纹袖口

侧插袋

罗纹领

抽褶

1. 款式说明

该款外套在衣身上采用大量的几何分割设计，有较强的建筑感。前后衣片的下摆采用前短后长的设计，打破服装的沉闷感。整体款式风格较为中性帅气。

2. 基本尺寸（单位：cm）

尺寸 \ 部位	前衣长	胸围	肩宽	袖长	袖口	领
160/84A	60	102	49	64	19	50

3. 主要部位绘制

①	后中长
②	后领宽
③	后领深
④	后肩宽
⑤	后落肩
⑥	后胸围
⑦	后底摆
⑧	前衣长
⑨	前领宽
⑩	前领深
⑪	前肩宽
⑫	前落肩
⑬	前胸围
⑭	前底摆
⑮	罗纹领
⑯	袖长
⑰	袖山高
⑱	袖口

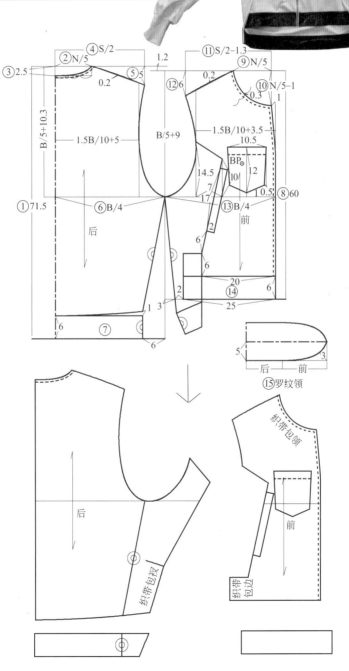

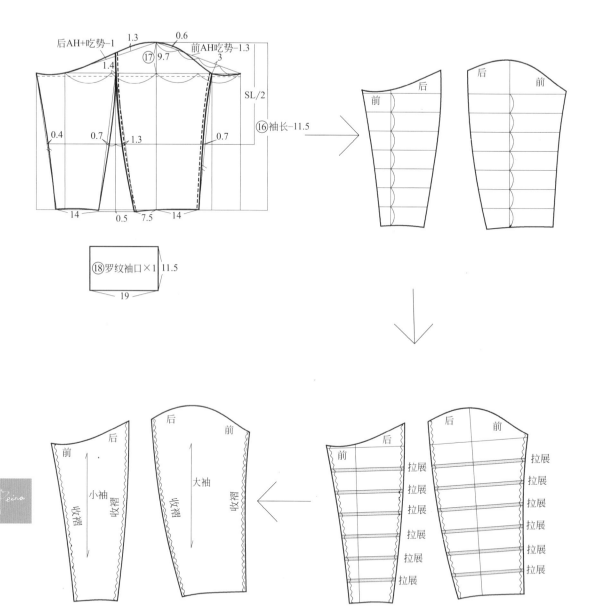

后AH+吃势-1

1.3

0.6

前AH吃势-1.3

⑰ 9.7

3

1.4

SL/2

⑯袖长-11.5

0.4

0.7

1.3

0.7

14

0.5

7.5

14

⑱罗纹袖口×1 11.5

19

前

后

后

前

前

后

后

前

小袖

收褶

收褶

大袖

收褶

收褶

后

前

前

后

拉展

拉展

拉展

拉展

拉展

拉展

拉展

拉展

拉展

拉展

拉展

拉展

拉展

拉展

4. 裁片纸样
面料放缝

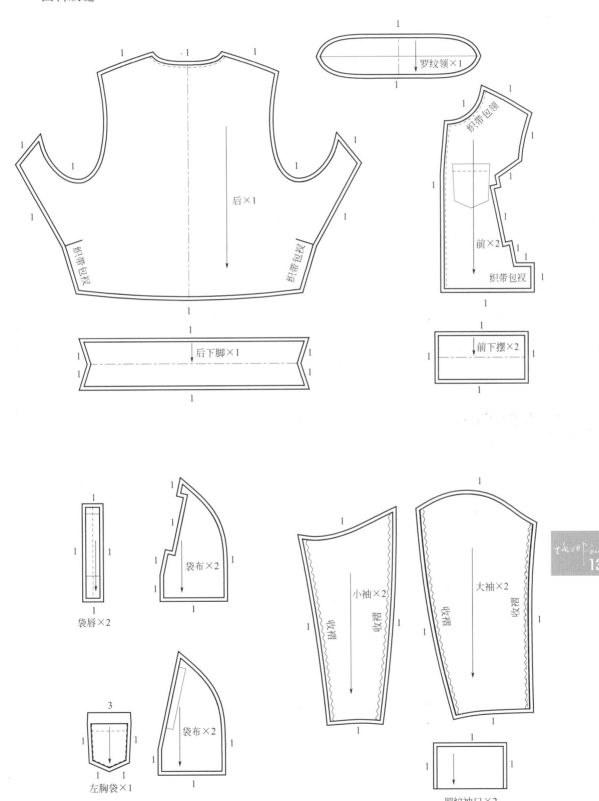

罗纹领×1

织带包领

后×1

织带包袱

织带包袱

前×2

织带包袱

后下脚×1

前下摆×2

袋唇×2

袋布×2

左胸袋×1

袋布×2

小袖×2

收褶

收褶

大袖×2

收褶

收褶

罗纹袖口×2

罗纹领

侧插袋

罗纹底摆12cm

罗纹领

缉明线0.5cm

抽褶

我将影子投射在前方的路上, 因为我有一盏还没有点燃的灯。

1. 款式说明

该款外套为机车夹克，短小而帅气。在领口、袖口、下摆处采用罗纹收紧，增加了服装的运动感。口袋的设计突破呆板，增加服装的设计感。袖子的抽褶设计，增加了胳膊的体积，使该款外套整体更具运动风。

2. 基本尺寸（单位：cm）

尺寸\部位	前衣长	胸围	肩宽	袖长	袖口	领
160/84A	70.6	124	53	50	19	45

3. 主要部位绘制

①	后中长
②	后领宽
③	后领深
④	后肩宽
⑤	后落肩
⑥	后胸围
⑦	后底摆
⑧	前衣长
⑨	前领宽
⑩	前领深
⑪	前肩宽
⑫	前落肩
⑬	前胸围
⑭	前底摆
⑮	罗纹领
⑯	袖长
⑰	袖山高
⑱	袖口

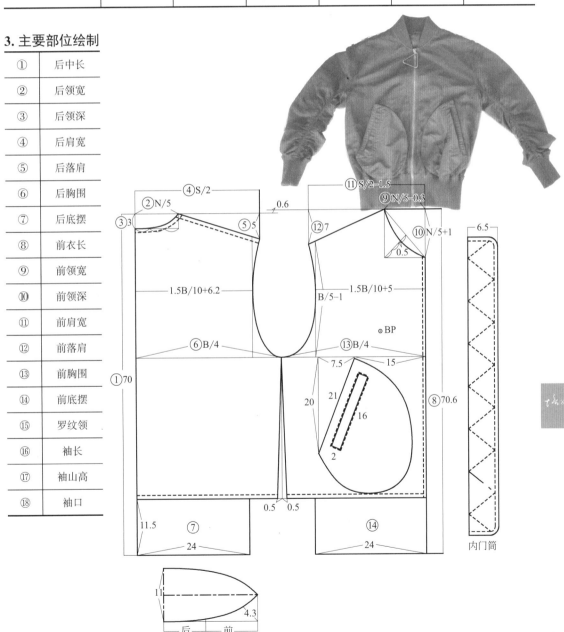

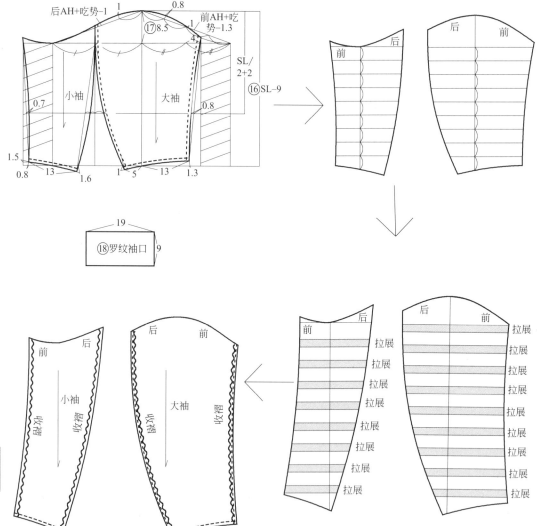

后AH+吃势-1   0.8
⑰8.5   前AH+吃势-1.3
1
4

小袖   大袖

SL/2+2
⑯SL-9

0.7

0.8

1.5
0.8   13   1.6   1   5   13   1.3

19
⑱罗纹袖口   9

前   后
后   前

后   前
后   前
拉展
拉展
拉展
拉展
拉展
拉展
拉展
拉展
拉展
拉展
拉展
拉展

前   后
后   前
拉展
拉展
拉展
拉展
拉展
拉展
拉展
拉展
拉展
拉展
拉展

前   后
小袖   收褶
熨劫

后   前
大袖   收褶
熨劫

4. 裁片纸样

面料放缝

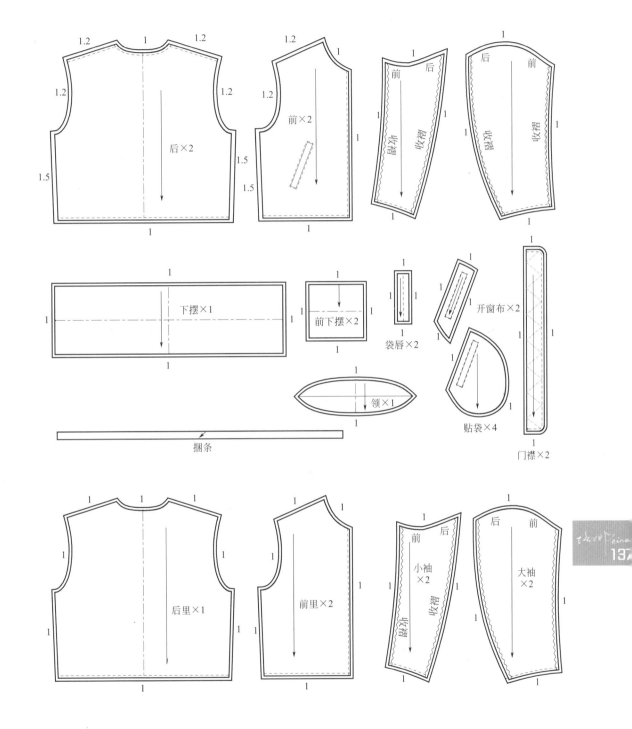

后×2

前×2

后 前 臀外 收裥

后 前 臀外 收裥

下摆×1

前下摆×2

袋唇×2

领×1

捆条

开窗布×2

贴袋×4

门襟×2

后里×1

前里×2

前 后 小袖 ×2 臀外 收裥

后 前 大袖 ×2

贴口袋

罗纹底边

罗纹领

罗纹袖口

前短后长设计

世界在缠绵的心弦上跑过，奏出忧伤的音乐。

1. 款式说明

　　该款外套的整体风格呈现出一种街头时尚的感觉。前片大贴口袋设计，平衡了外套简单的结构设计，侧缝处的不规则设计，增加了服装的设计感。

2. 基本尺寸（单位：cm）

尺寸＼部位	前衣长	胸围	肩宽	袖长	袖口	领
160/84A	60.5	116	49	54	20	42

3. 主要部位绘制

序号	部位
①	后中长
②	后领宽
③	后领深
④	后肩宽
⑤	后落肩
⑥	后胸围
⑦	后底摆
⑧	前衣长
⑨	前领宽
⑩	前领深
⑪	前肩宽
⑫	前落肩
⑬	前胸围
⑭	前底摆
⑮	罗纹领
⑯	袖长
⑰	袖山高
⑱	袖口

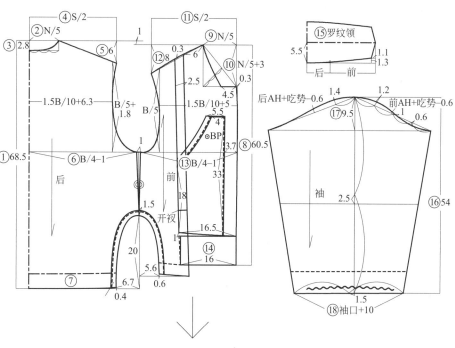

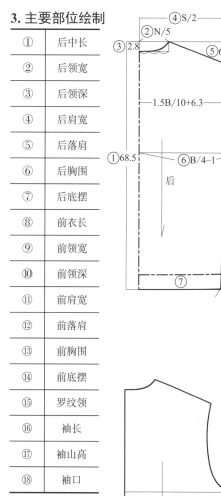

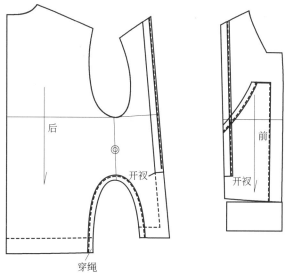

4. 裁片纸样

面料放缝

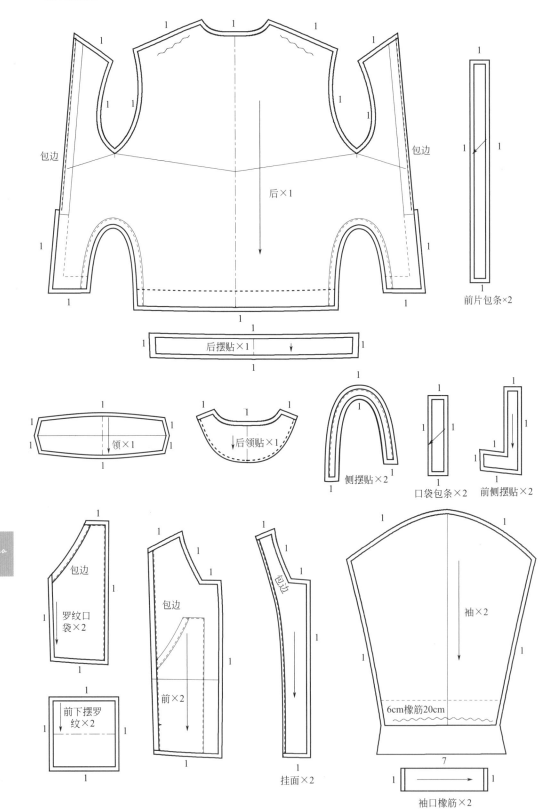

包边

包边

后×1

前片包条×2

后摆贴×1

领×1

后领贴×1

侧摆贴×2

口袋包条×2

前侧摆贴×2

包边

罗纹口袋×2

前下摆罗纹×2

包边

前×2

包边

袖×2

6cm橡筋20cm

7

挂面×2

袖口橡筋×2

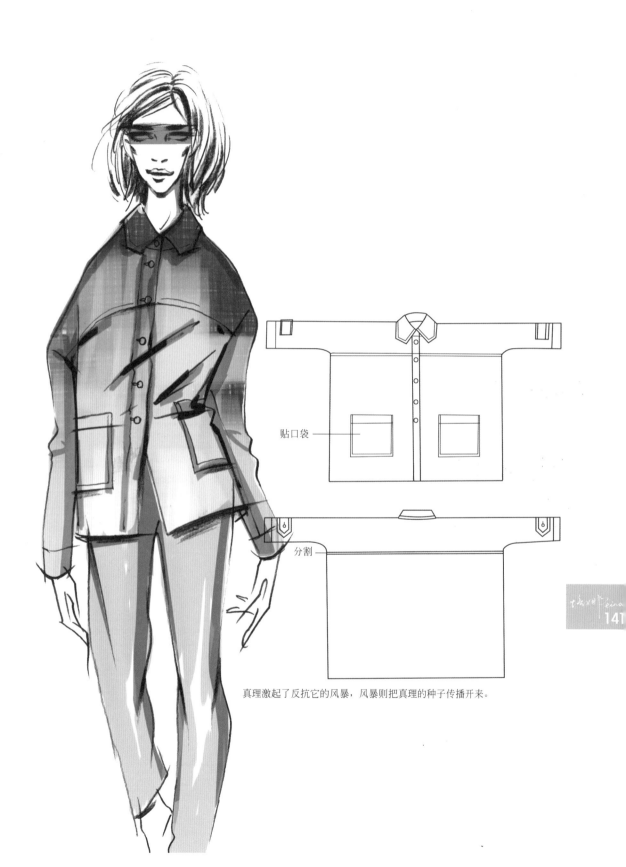

贴口袋

分割

真理激起了反抗它的风暴，风暴则把真理的种子传播开来。

1. 款式说明

该款外套整体廓形呈 H 形，前片贴口袋设计，整体风格为港式休闲风。

2. 基本尺寸（单位：cm）

尺寸＼部位	前衣长	胸围	袖长	袖口	领
160/84A	85	198	71	17.25	40

3. 主要部位绘制

①	后中长
②	后领宽
③	后领深
④	后胸围
⑤	后底摆
⑥	袖长
⑦	后袖口
⑧	前衣长
⑨	前领宽
⑩	前领深
⑪	前胸围
⑫	前袖口
⑬	前底摆
⑭	领

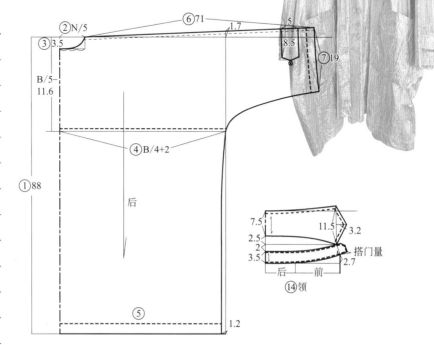

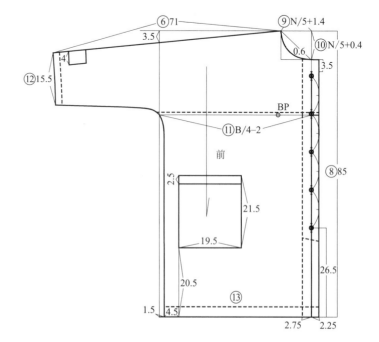

4. 裁片纸样

面料放缝

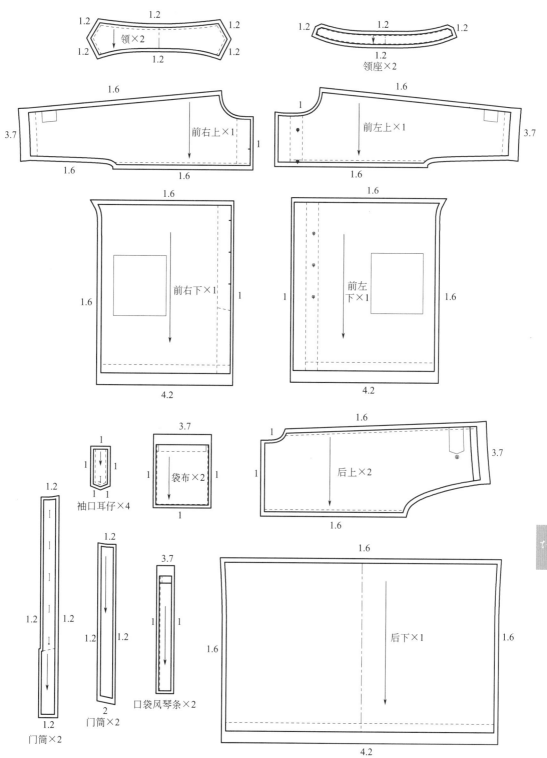

领×2

领座×2

前右上×1

前左上×1

前右下×1

前左下×1

袋布×2

袖口耳仔×4

后上×2

门筒×2

门筒×2

口袋风琴条×2

后下×1

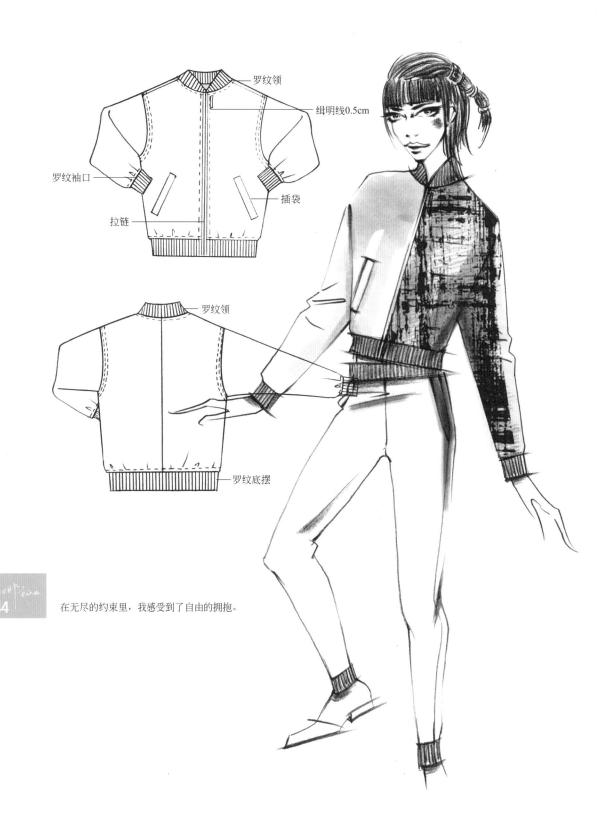

罗纹领

缉明线0.5cm

罗纹袖口

插袋

拉链

罗纹领

罗纹底摆

在无尽的约束里，我感受到了自由的拥抱。

1. 款式说明

　　该款外套为棒球服，前片左右采用两种不同的面料进行拼接设计，整体款式结构较为简洁。适用于休闲娱乐时穿着，整体风格较青春活力，具有运动感。

2. 基本尺寸（单位：cm）

尺寸\部位	前衣长	胸围	肩宽	袖长	袖口	领
160/84A	71	124	53	54	19	45

3. 主要部位绘制

①	后中长
②	后领宽
③	后领深
④	后肩宽
⑤	后落肩
⑥	后胸围
⑦	后底摆
⑧	前衣长
⑨	前领宽
⑩	前领深
⑪	前肩宽
⑫	前落肩
⑬	前胸围
⑭	前底摆
⑮	袖长
⑯	袖山高
⑰	袖口
⑱	领

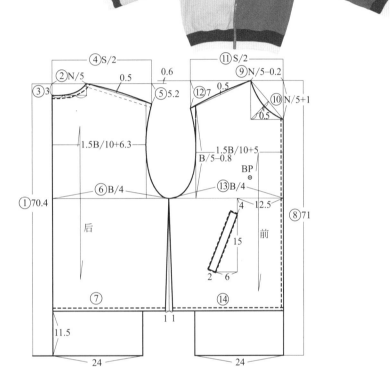

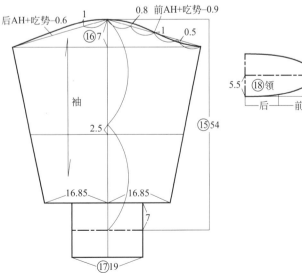

4. 裁片纸样
面料放缝

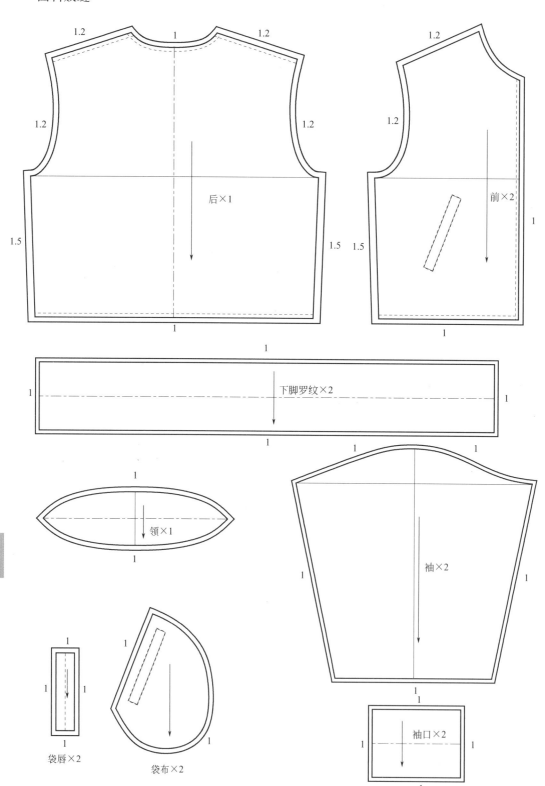

缉明线0.6cm

分割

雾，如爱情，在山峰的心上嬉戏，绽放出种种美丽的惊喜。

1. 款式说明

该款外套廓形呈 H 形，育克分割，采用拼接设计，打破服装的单调感。

2. 基本尺寸（单位：cm）

尺寸 \ 部位	前衣长	胸围	肩宽	袖长	袖口	领
160/84A	57.5	120	49	52	13.5	42

3. 主要部位绘制

①	后中长
②	后领宽
③	后领深
④	后肩宽
⑤	后落肩
⑥	后胸围
⑦	后底摆
⑧	前衣长
⑨	前领宽
⑩	前领深
⑪	前肩宽
⑫	前落肩
⑬	前胸围
⑭	前底摆
⑮	袖长
⑯	袖山高
⑰	袖口
⑱	领

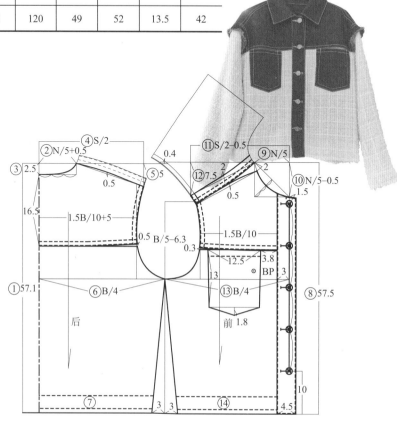

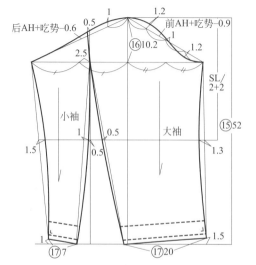

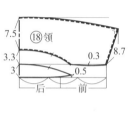

4. 裁片纸样

（1）面料放缝

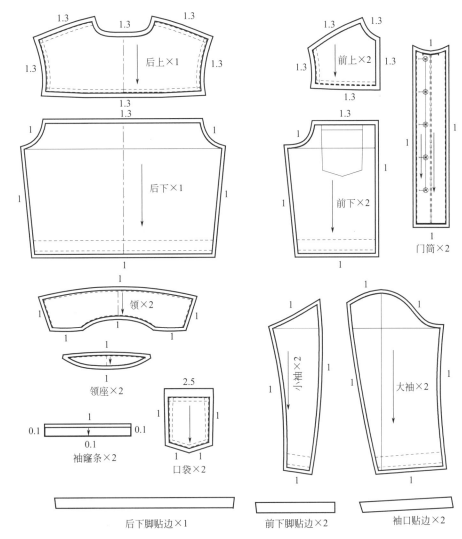

（2）里料放缝

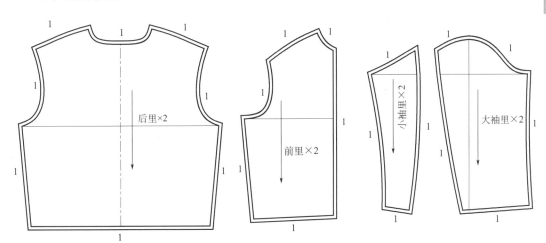

人走入喧哗的人群中，想要淹没自己沉默的呼声。

1. 款式说明

该款外套整体廓形呈 O 形，插肩袖，面料拼接设计，整体风格较为年轻活力。

2. 基本尺寸（单位：cm）

尺寸＼部位	前衣长	胸围	肩宽	袖长	袖口	领
160/84A	55.5	104	43	60	14.5	45

3. 主要部位绘制

①	后中长
②	后领宽
③	后领深
④	后肩宽
⑤	后落肩
⑥	后胸围
⑦	袖长
⑧	后袖口
⑨	后底摆
⑩	前衣长
⑪	前领宽
⑫	前领深
⑬	前肩宽
⑭	前落肩
⑮	前袖口
⑯	前胸围
⑰	前底摆
⑱	领

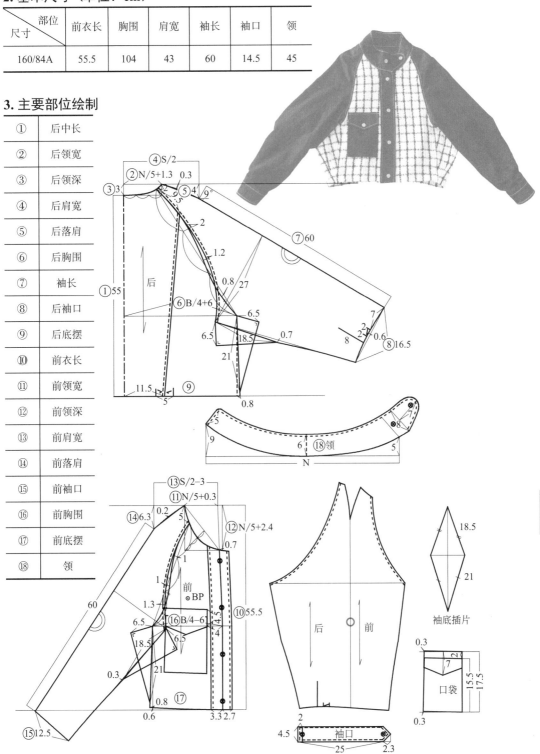

4. 裁片纸样

（1）面料放缝

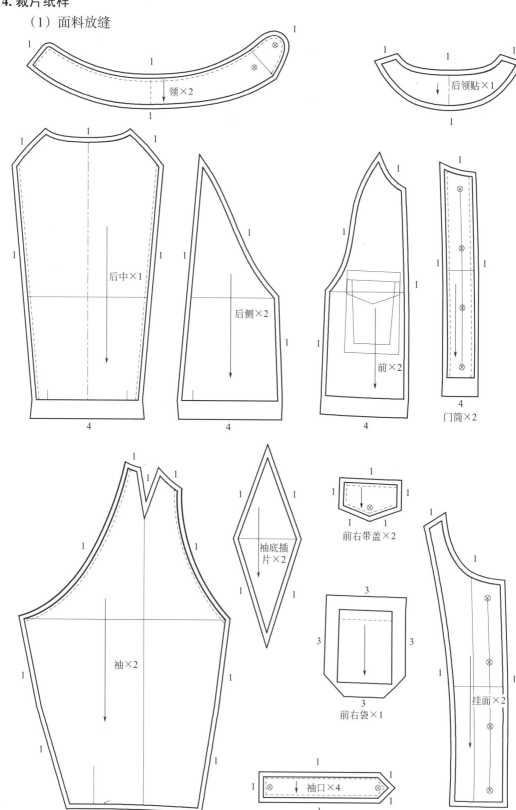

领×2

后领贴×1

后中×1

4

后侧×2

4

前×2

4

门筒×2

4

袖底插片×2

前右带盖×2

袖×2

前右袋×1

3

挂面×2

袖口×4

（2）里料放缝

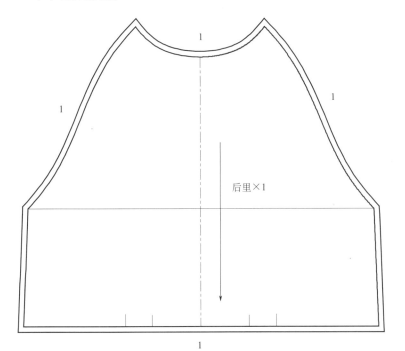

后里×1

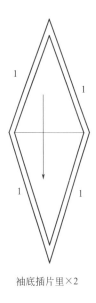

袖底插片里×2

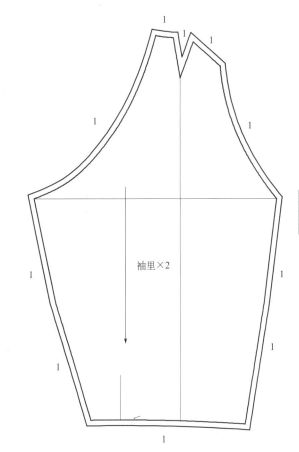

前里×2

袖里×2

CHAPTER 08　风衣结构设计与制版

缉明线0.1cm

缉双明
线0.1cm,
0.7cm

缉明线0.5cm

腰带

缉双
明线
0.1cm,
0.7cm

开衩

人类不能在他的历史中表现自我，只能在这中间挣扎着向前。

1. 款式说明

　　该款风衣为经典的风衣设计，其款式特征为有过肩、双排扣。其设计点在于双明线的设计，突出了风衣的线条感。

2. 基本尺寸（单位：cm）

尺寸 ＼ 部位	前衣长	胸围	肩宽	袖长	袖口	领
160/84A	105	120	53	48.5	12.5	42

3. 主要部位绘制

①	后中长
②	后领宽
③	后领深
④	后肩宽
⑤	后落肩
⑥	后胸围
⑦	后底摆
⑧	前衣长
⑨	前领宽
⑩	前领深
⑪	前肩宽
⑫	前落肩
⑬	前胸围
⑭	前底摆
⑮	袖长
⑯	袖山高
⑰	袖袢
⑱	领
⑲	肩袢
⑳	腰带

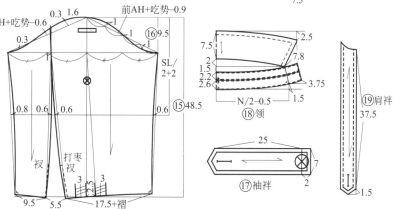

4. 裁片纸样

（1）面料放缝

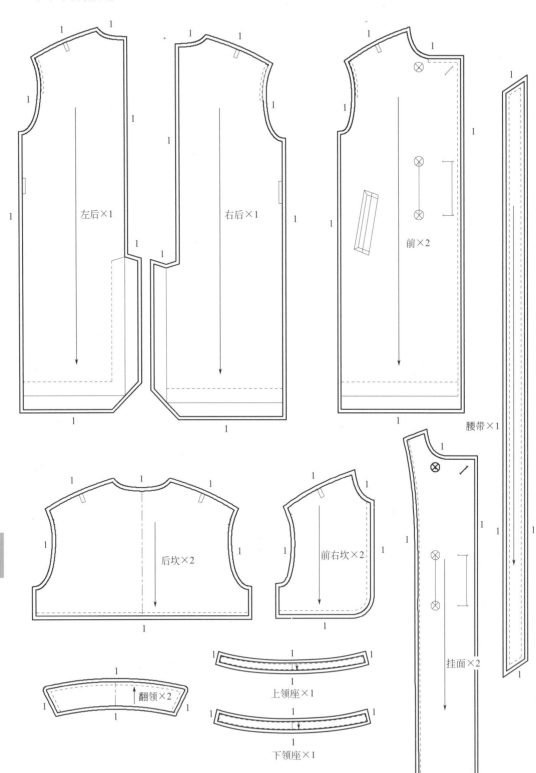

左后×1

右后×1

前×2

腰带×1

后坎×2

前右坎×2

挂面×2

翻领×2

上领座×1

下领座×1

（2）里料放缝

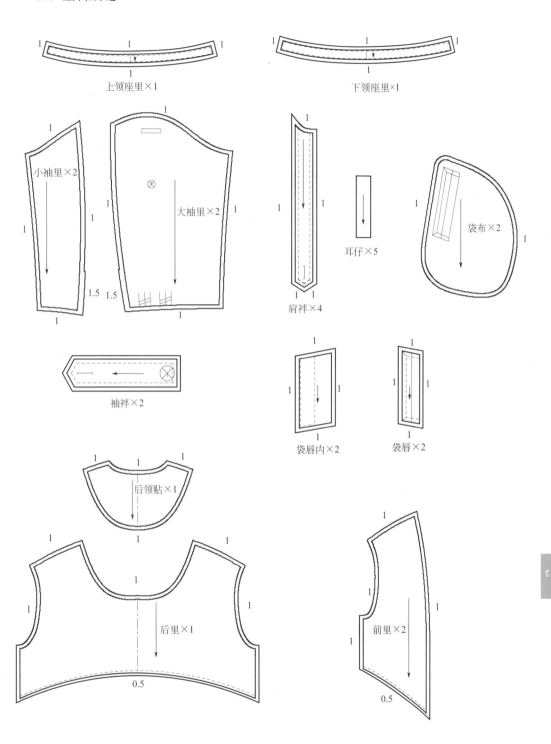

上领座里×1

下领座里×1

小袖里×2

大袖里×2

肩衬×4

耳仔×5

袋布×2

袖衬×2

1.5   1.5

袋唇内×2

袋唇×2

后领贴×1

后里×1

0.5

前里×2

0.5

捆条×1

缉明线0.5cm　　　　缉明线0.3cm

缉明线
0.5cm

缉明线
1.5cm

一些看不见的手指，如慵懒的微风，在我心上奏着潺潺的乐章。

1. 款式说明

该款风衣为枪驳领，下摆前短后长、前圆后方的设计，增加了服装的层次感。

2. 基本尺寸（单位：cm）

尺寸　部位	前衣长	胸围	肩宽	袖长	袖口	领
160/84A	91.5	120	54	51	14.5	38

3. 主要部位绘制

①	后中长
②	后领宽
③	后领深
④	后肩宽
⑤	后落肩
⑥	后胸围
⑦	后底摆
⑧	前衣长
⑨	前领宽
⑩	前领深
⑪	前肩宽
⑫	前落肩
⑬	前胸围
⑭	前底摆
⑮	袖长
⑯	袖山高
⑰	领
⑱	腰带

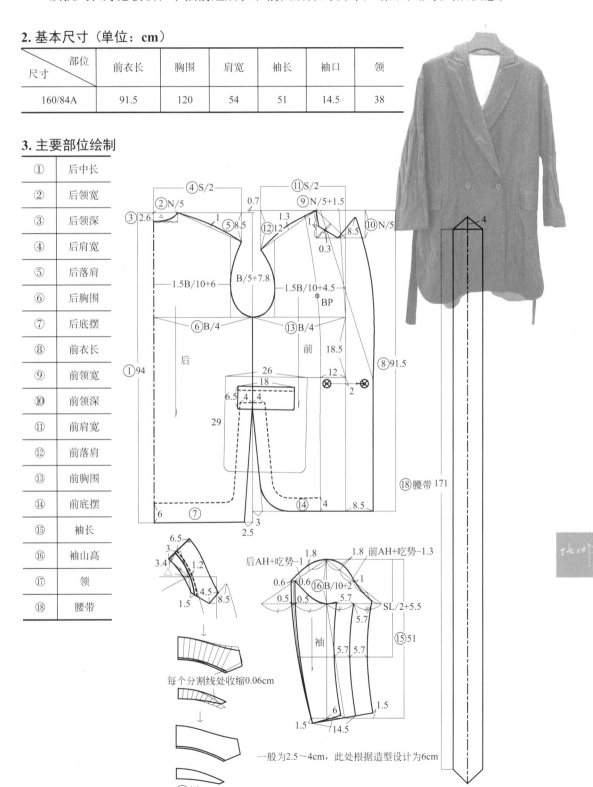

4.裁片纸样

（1）面料放缝

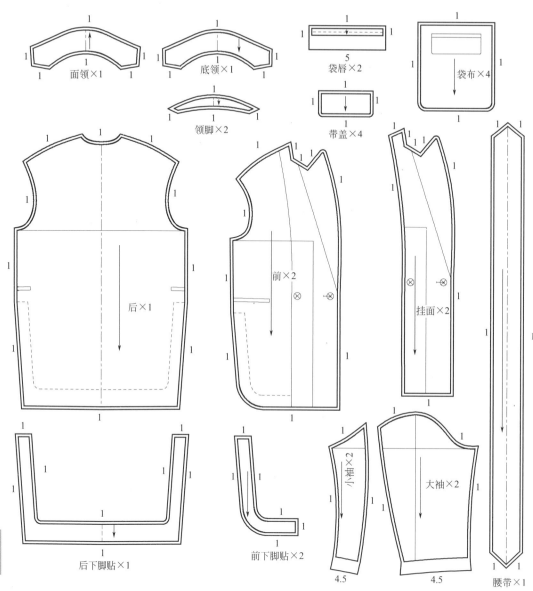

面领×1

底领×1

领脚×2

袋唇×2

带盖×4

袋布×4

后×1

前×2

挂面×2

后下脚贴×1

前下脚贴×2

小袖×2

大袖×2

腰带×1

（2）里料放缝

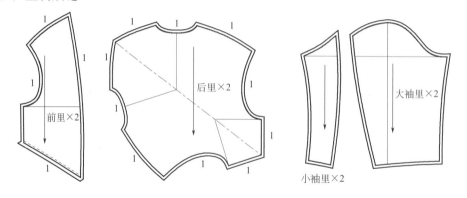

前里×2

后里×2

小袖里×2

大袖里×2

世界对着他的爱人，撤下他那庞大的面具。

腰带

1. 款式说明

该款风衣整体廓形呈 H 形，平驳领，款式简洁大方，整体风格为通勤风。

2. 基本尺寸（单位：cm）

尺寸 \ 部位	前衣长	胸围	肩宽	腰围	臀围	领	袖长	袖口
160/84A	113	100	39	72	102	40	59	24

3. 主要部位绘制

①	后中长
②	后领宽
③	后领深
④	后肩宽
⑤	后落肩
⑥	后胸围
⑦	后腰围
⑧	后底摆
⑨	前衣长
⑩	前领宽
⑪	前领深
⑫	前肩宽
⑬	前落肩
⑭	前胸围
⑮	前腰围
⑯	前底摆
⑰	领
⑱	腰带
⑲	袖长
⑳	袖山高
㉑	袖口

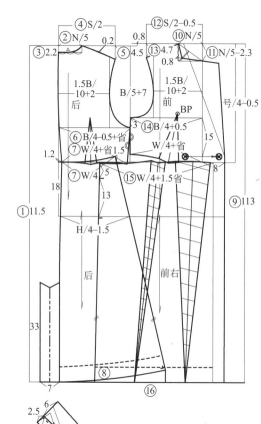

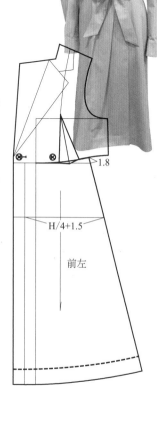

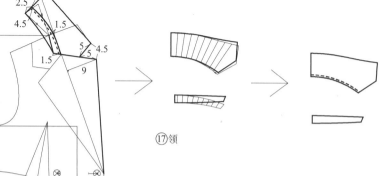

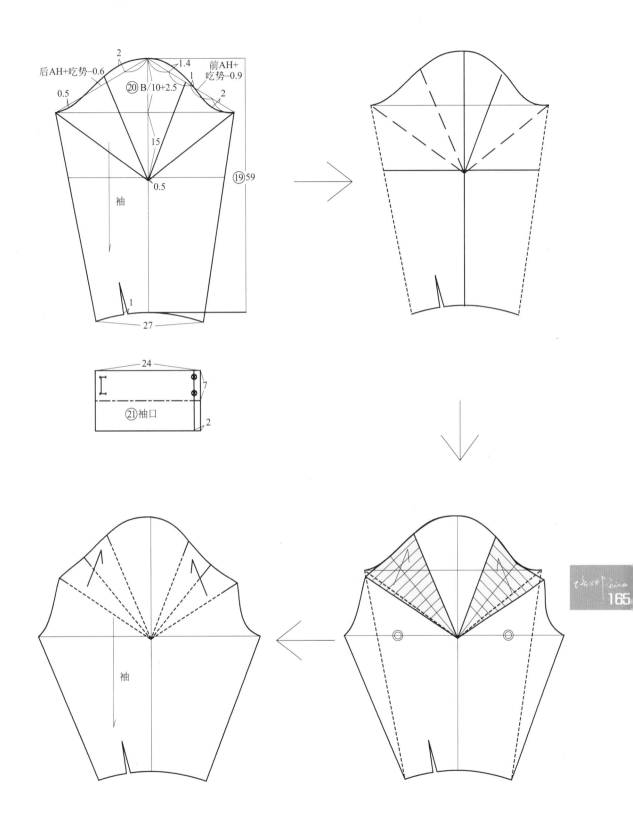

后AH+吃势-0.6

2

1.4

前AH+
吃势-0.9

0.5

⑳ B/10+2.5

1

2

15

⑲59

0.5

袖

1

27

24

7

⑪袖口

2

袖

4. 裁片纸样

（1）面料放缝

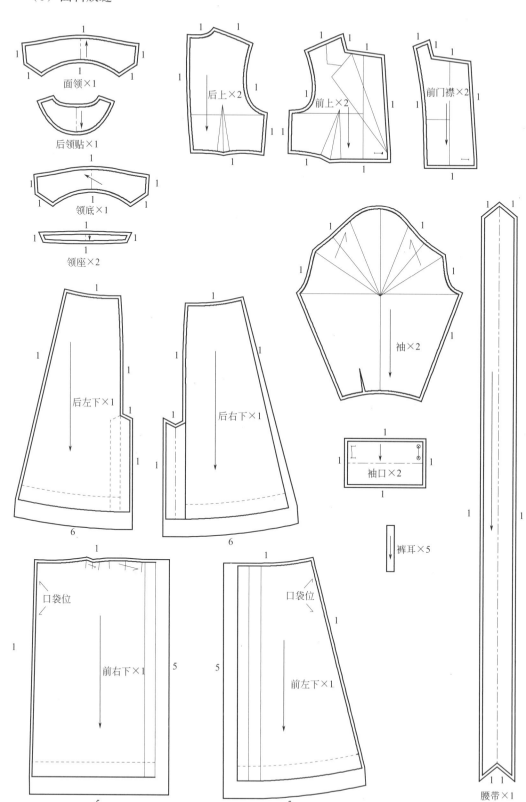

面领×1

后领贴×1

领底×1

领座×2

后上×2

前上×2

前门襟×2

袖×2

袖口×2

裤耳×5

后左下×1

后右下×1

口袋位

前右下×1

口袋位

前左下×1

腰带×1

（2）里料放缝

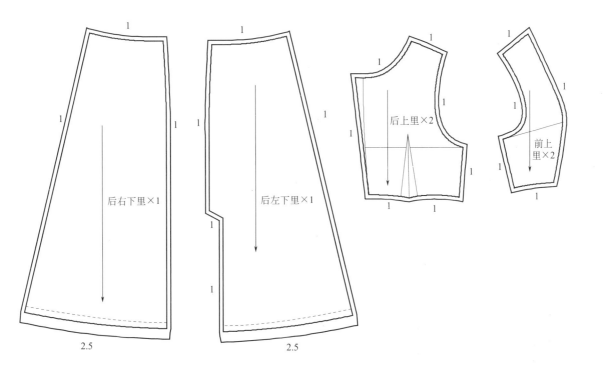

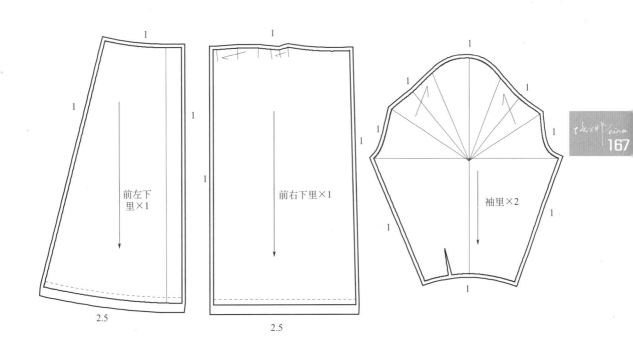

CHAPTER 09　西装结构设计与制版

我在道路纵横的世界上。

后中线
两片袖
分割
开衩

1. 款式说明

　　该款西装整体廓形呈 X 形，平驳领，单排三粒扣，其设计亮点在于后片双开衩的设计，将服装的 X 廓形更有力地表现出来。

2. 基本尺寸（单位：cm）

尺寸 \ 部位	前衣长	胸围	肩宽	袖长	袖口	领
160/84A	79	100	39	60	13	40

3. 主要部位绘制

①	后中长
②	后领宽
③	后领深
④	后肩宽
⑤	后落肩
⑥	后胸围
⑦	后底摆
⑧	前衣长
⑨	前领宽
⑩	前领深
⑪	前肩宽
⑫	前落肩
⑬	前胸围
⑭	前底摆
⑮	袖长
⑯	袖山高
⑰	袖口
⑱	领

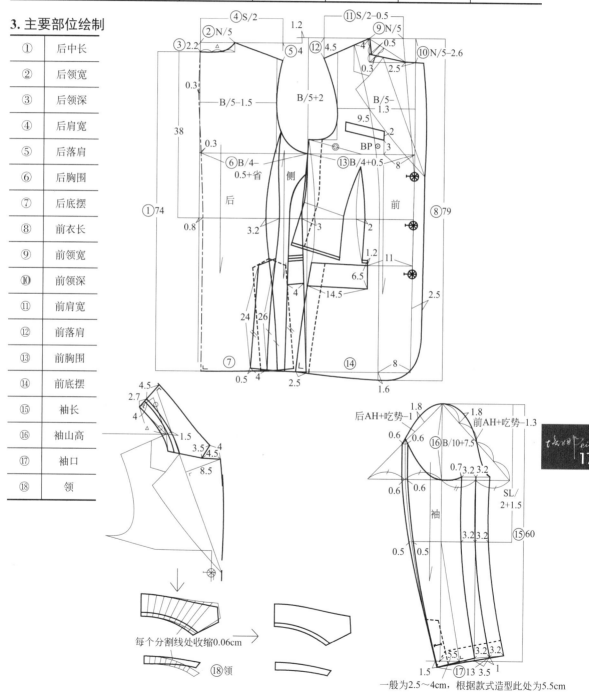

每个分割线处收缩0.06cm

⑱领

一般为2.5～4cm，根据款式造型此处为5.5cm

4. 裁片纸样

（1）面料放缝

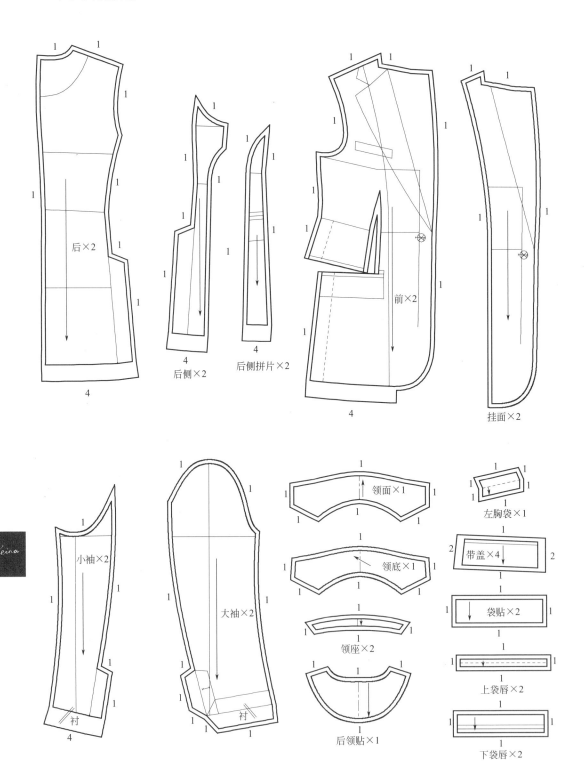

后×2

4

后侧×2

4

后侧拼片×2

4

前×2

4

挂面×2

小袖×2

衬

4

大袖×2

衬

领面×1

领底×1

领座×2

后领贴×1

左胸袋×1

带盖×4

袋贴×2

上袋唇×2

下袋唇×2

（2）里料放缝

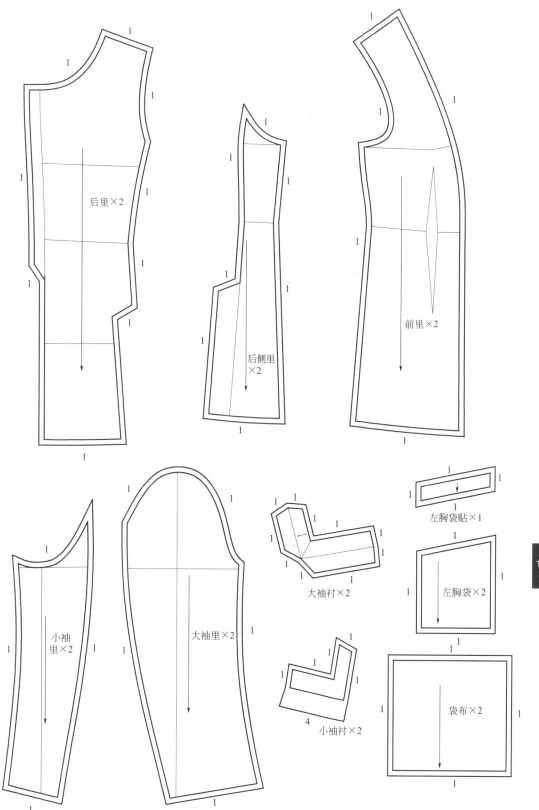

后里×2

后侧里
×2

前里×2

大袖衬×2

左胸袋贴×1

小袖
里×2

大袖里×2

左胸袋×2

4
小袖衬×2

袋布×2

173

泡泡袖

省

双排扣

分割

佳物不独来，万物同相携。

1. 款式说明

该款西装采用面料拼接设计，双排扣，羊腿袖，整体风格为通勤时尚风。

2. 基本尺寸（单位：cm）

部位 尺寸	前衣长	胸围	肩宽	袖长	袖口	领
160/84A	85	104	38	62.5	13	41

3. 主要部位绘制

①	后中长
②	后领宽
③	后领深
④	后肩宽
⑤	后落肩
⑥	后胸围
⑦	后底摆
⑧	前衣长
⑨	前领宽
⑩	前领深
⑪	前肩宽
⑫	前落肩
⑬	前胸围
⑭	前底摆
⑮	袖长
⑯	袖山高
⑰	袖口
⑱	领
⑲	腰带

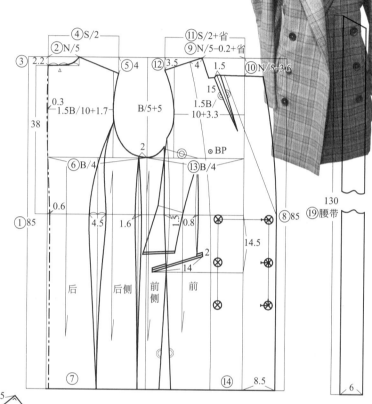

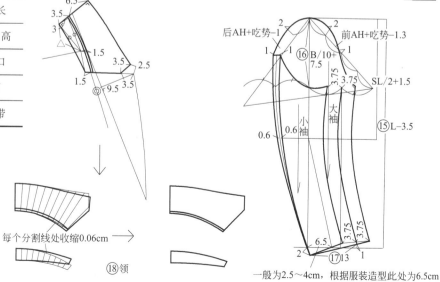

每个分割线处收缩0.06cm ⟶

⑱领

一般为2.5～4cm，根据服装造型此处为6.5cm

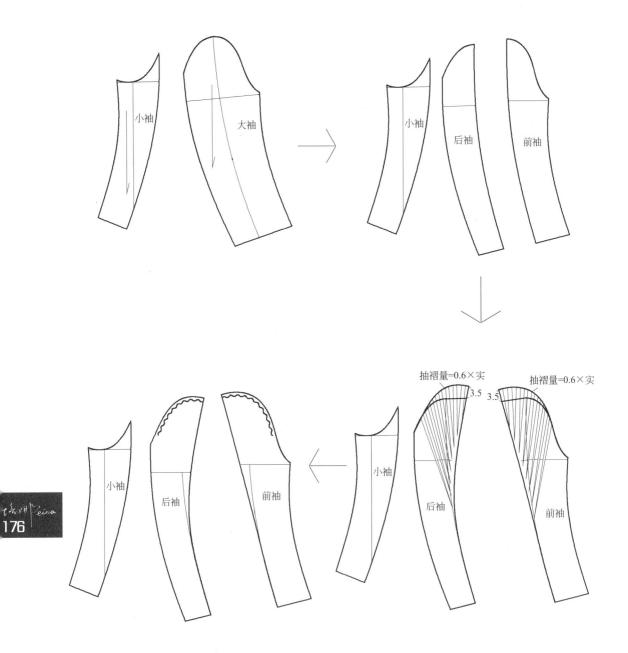

小袖

大袖

小袖

后袖

前袖

抽褶量=0.6×实

3.5 3.5

抽褶量=0.6×实

小袖

后袖

前袖

小袖

后袖

前袖

4. 裁片纸样

（1）面料放缝

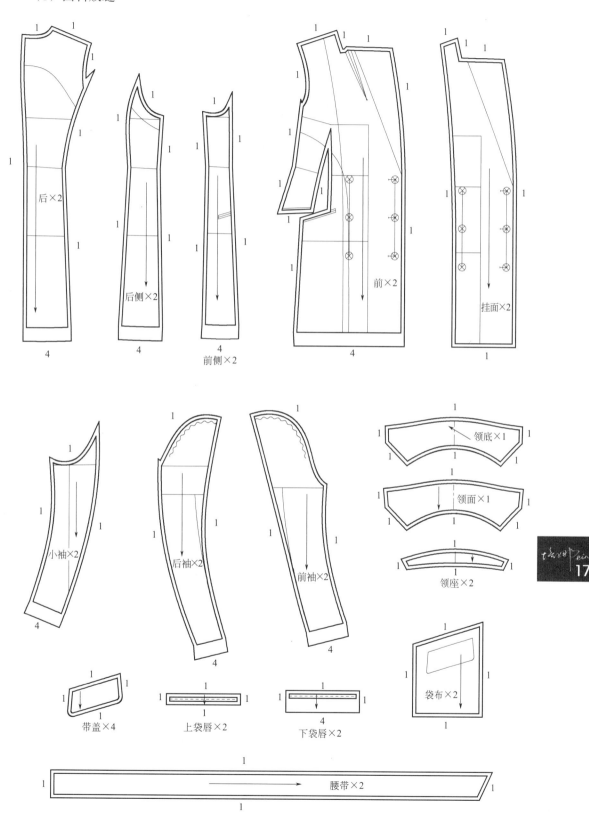

后×2

后侧×2

前侧×2

前×2

挂面×2

小袖×2

后袖×2

前袖×2

领底×1

领面×1

领座×2

带盖×4

上袋唇×2

下袋唇×2

袋布×2

腰带×2

（2）里料放缝

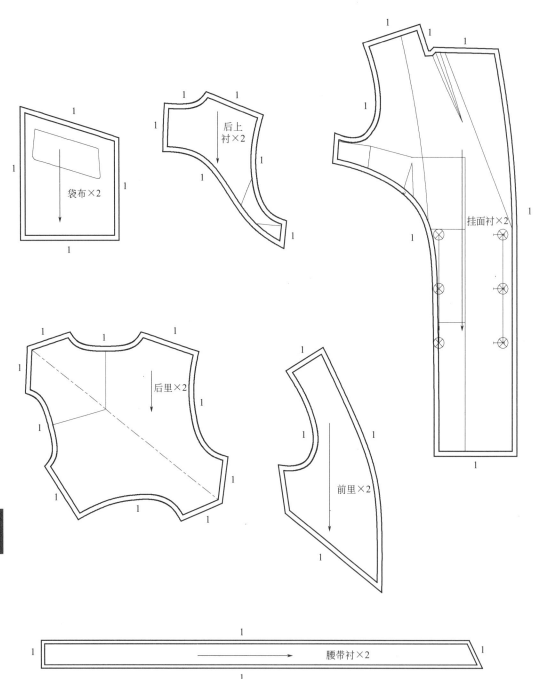

袋布×2

后上
衬×2

挂面衬×2

后里×2

前里×2

腰带衬×2

两片袖

省

前短后长

任时光流转，你仍然在给予，在我小小
的手里，依然有地方等待你的恩赐。

1. 款式说明

该款西装为三开身，整体廓形呈 H 形，款式简单大方。

2. 基本尺寸（单位：cm）

尺寸＼部位	前衣长	胸围	肩宽	袖长	袖口	领
160/84A	79	104	44	59	13	39

3. 主要部位绘制

①	后中长
②	后领宽
③	后领深
④	后肩宽
⑤	后落肩
⑥	后胸围
⑦	后底摆
⑧	后下
⑨	前衣长
⑩	前领宽
⑪	前领深
⑫	前肩宽
⑬	前落肩
⑭	前胸围
⑮	前底摆
⑯	领
⑰	袖长
⑱	袖山高
⑲	袖口

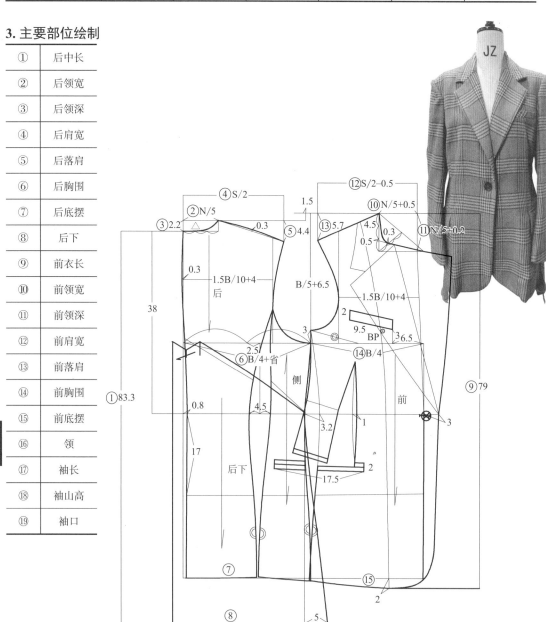

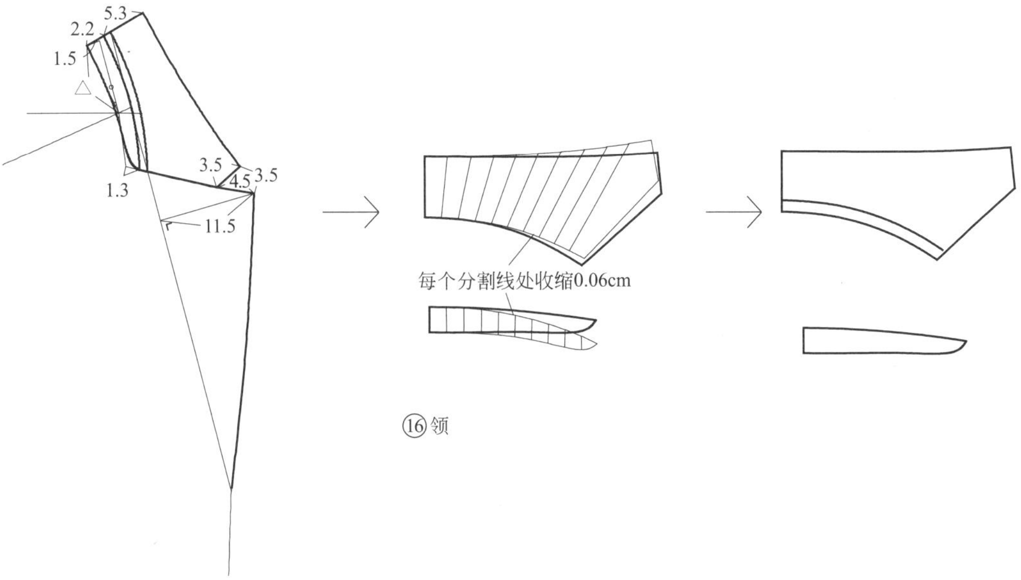

5.3
2.2
1.5
△
3.5 3.5
4.5
1.3
11.5

每个分割线处收缩0.06cm

⑯领

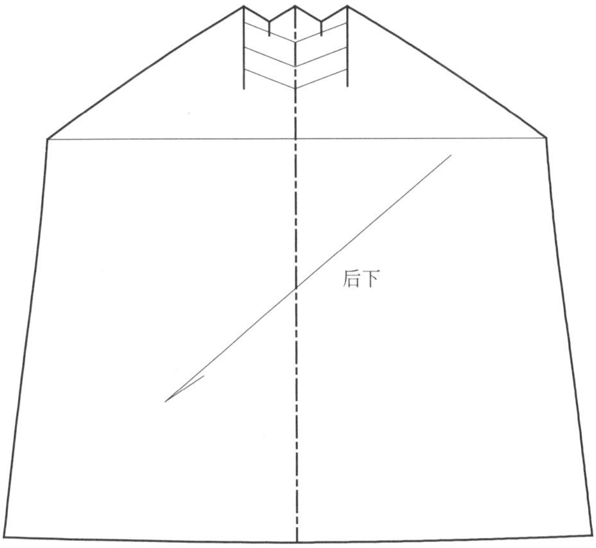

后下

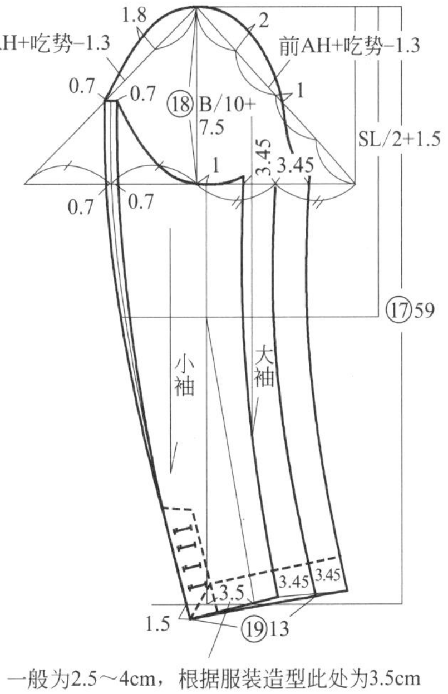

1.8
2
前AH+吃势-1.3
前AH+吃势-1.3
0.7
0.7
⑱ $B/10+7.5$
1
3.45
3.45
0.7
0.7
1
$SL/2+1.5$
⑰59
小袖
大袖
1.5
3.5
3.45
3.45
⑲13

一般为2.5~4cm，根据服装造型此处为3.5cm

4. 裁片纸样

（1）面料放缝

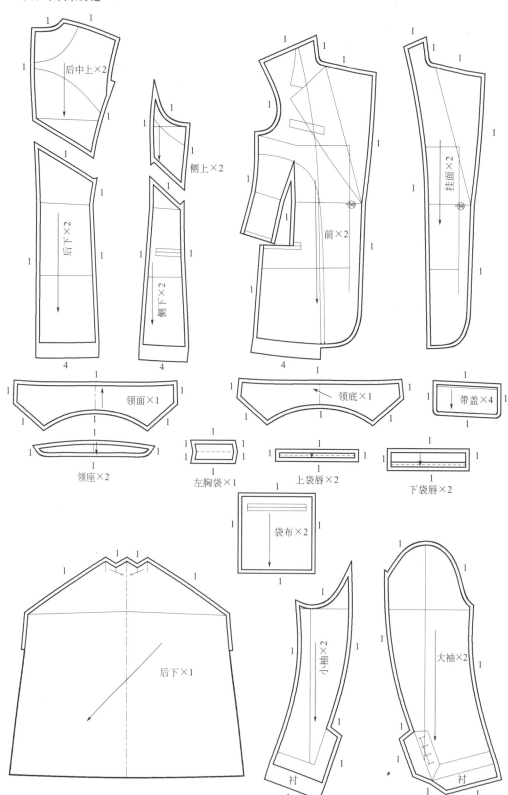

后中上×2

侧上×2

后下×2

侧下×2

前×2

挂面×2

领面×1

领底×1

带盖×4

领座×2

左胸袋×1

上袋唇×2

下袋唇×2

袋布×2

后下×1

小袖×2

大袖×2

衬

衬

（2）里料放缝

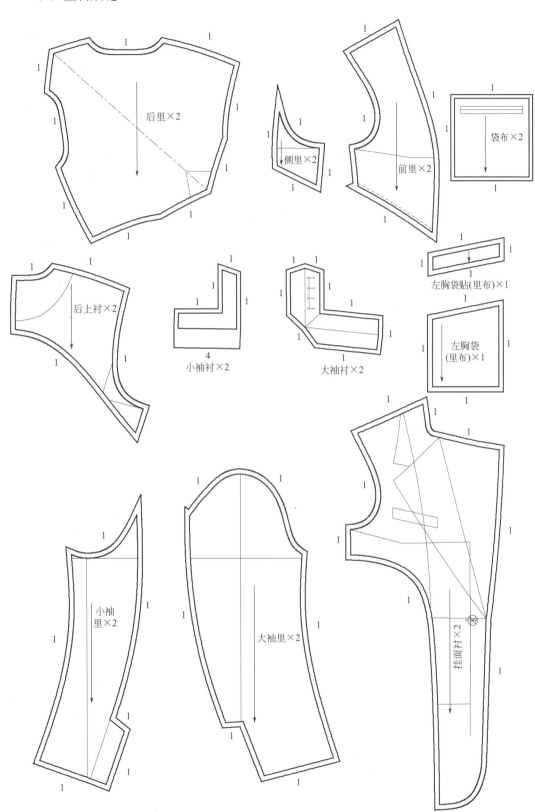

后里×2

侧里×2

前里×2

袋布×2

后上衬×2

4
小袖衬×2

大袖衬×2

左胸袋贴(里布)×1

左胸袋
(里布)×1

小袖
里×2

大袖里×2

挂面衬×2

后中线

两片袖

分割

我将会永远从我的思想中摒弃谬误，因为我知道
是你的真理在我的头脑中燃起了理智之火。

1. 款式说明

该款西装为单粒扣，平驳领，整体款式简单大方，风格为通勤风。

2. 基本尺寸（单位：cm）

尺寸 ＼ 部位	前衣长	胸围	肩宽	袖长	袖口	领
160/84A	77	102	43	60	13	39

3. 主要部位绘制

①	后中长
②	后领宽
③	后领深
④	后肩宽
⑤	后落肩
⑥	后胸围
⑦	后底摆
⑧	前衣长
⑨	前领宽
⑩	前领深
⑪	前肩宽
⑫	前落肩
⑬	前胸围
⑭	前底摆
⑮	袖长
⑯	袖山高
⑰	袖口
⑱	领

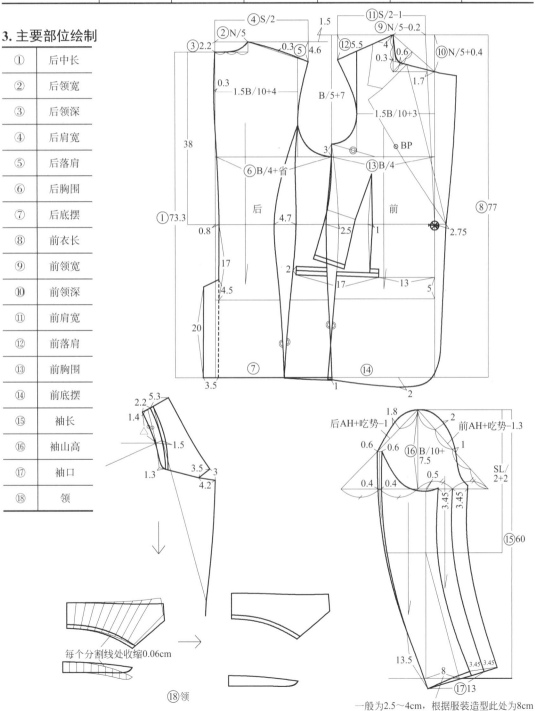

每个分割线处收缩0.06cm

⑱领

一般为2.5～4cm，根据服装造型此处为8cm

4. 裁片纸样

（1）面料放缝

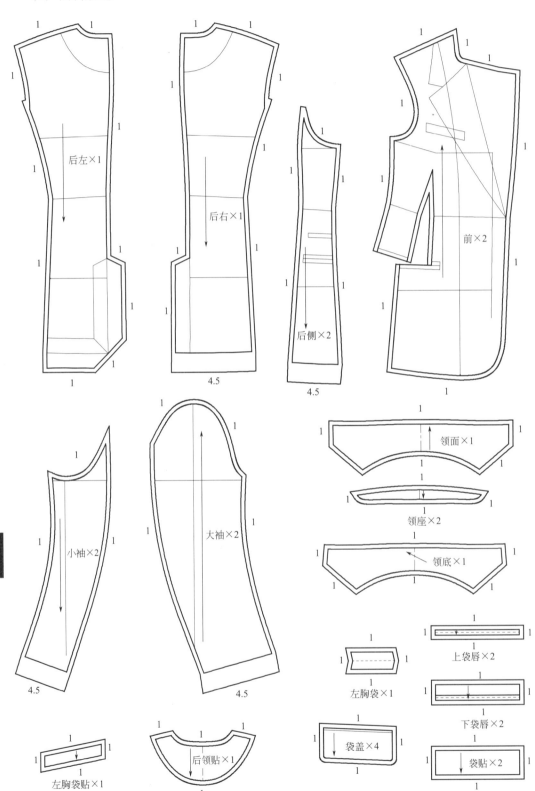

后左×1

后右×1

后侧×2

前×2

小袖×2

大袖×2

领面×1

领座×2

领底×1

上袋唇×2

左胸袋×1

下袋唇×2

袋盖×4

袋贴×2

左胸袋贴×1

后领贴×1

（2）里料放缝

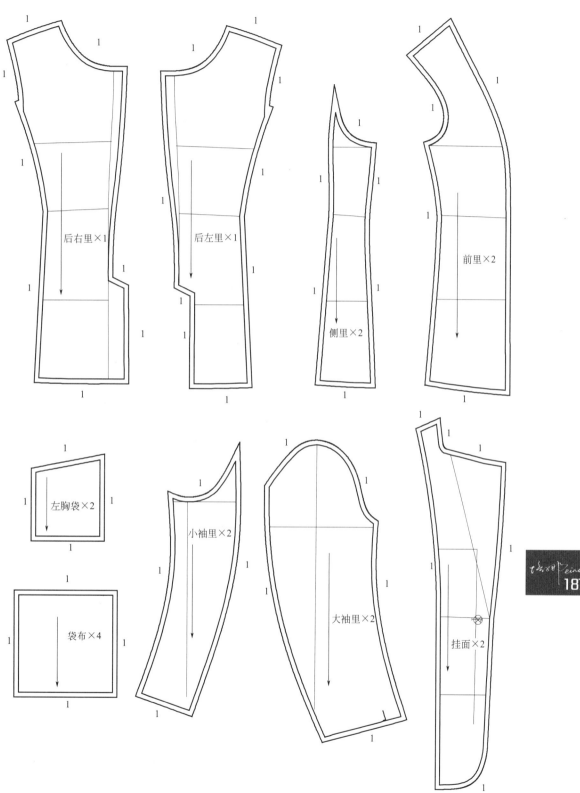

后右里×1

后左里×1

侧里×2

前里×2

左胸袋×2

袋布×4

小袖里×2

大袖里×2

挂面×2

当我去时，让我的思想靠近你，像那落日的
余辉，映在沉默的星空边缘。

两片袖

省

后中线

腰带

1. 款式说明

该款西装为平驳领、单粒扣，后片高开衩设计，打破服装的沉闷感。

2. 基本尺寸（单位：cm）

尺寸＼部位	前衣长	胸围	肩宽	袖长	袖口	领
160/84A	77	104	43	60	14	41

3. 主要部位绘制

①	后中长
②	后领宽
③	后领深
④	后肩宽
⑤	后落肩
⑥	后胸围
⑦	后底摆
⑧	前衣长
⑨	前领宽
⑩	前领深
⑪	前肩宽
⑫	前落肩
⑬	前胸围
⑭	前底摆
⑮	袖长
⑯	袖山高
⑰	袖口
⑱	领
⑲	腰带

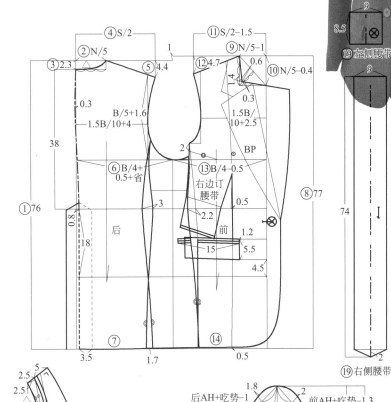

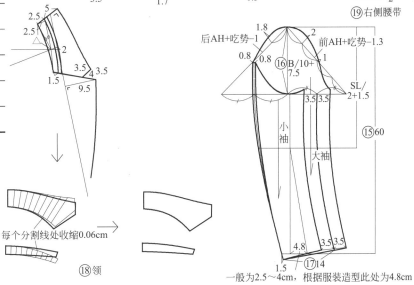

每个分割线处收缩0.06cm

⑱领

一般为2.5～4cm，根据服装造型此处为4.8cm

4. 裁片纸样

（1）面料放缝

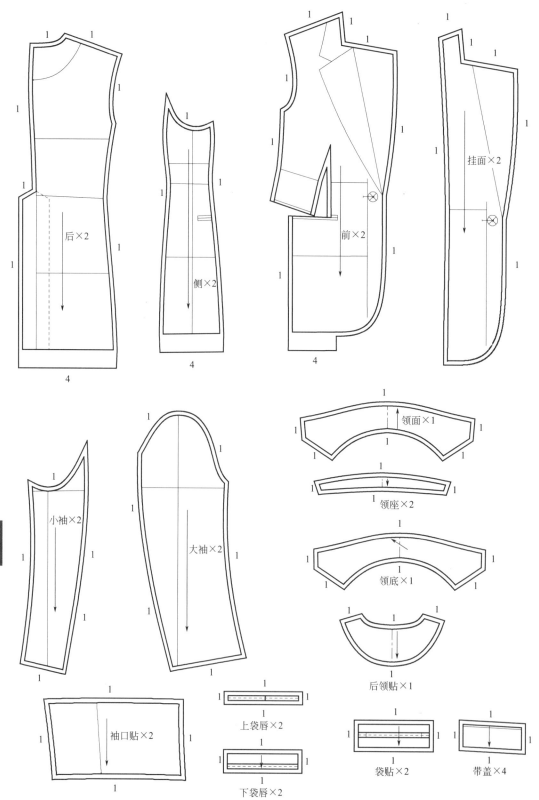

（2）里料放缝

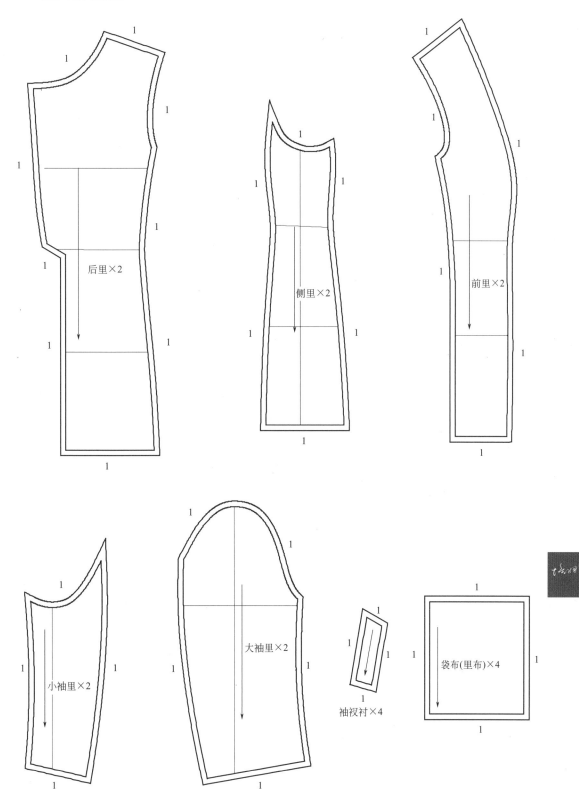

后里×2

侧里×2

前里×2

小袖里×2

大袖里×2

袖衩衬×4

袋布(里布)×4

CHAPTER 10　大衣结构设计与制版

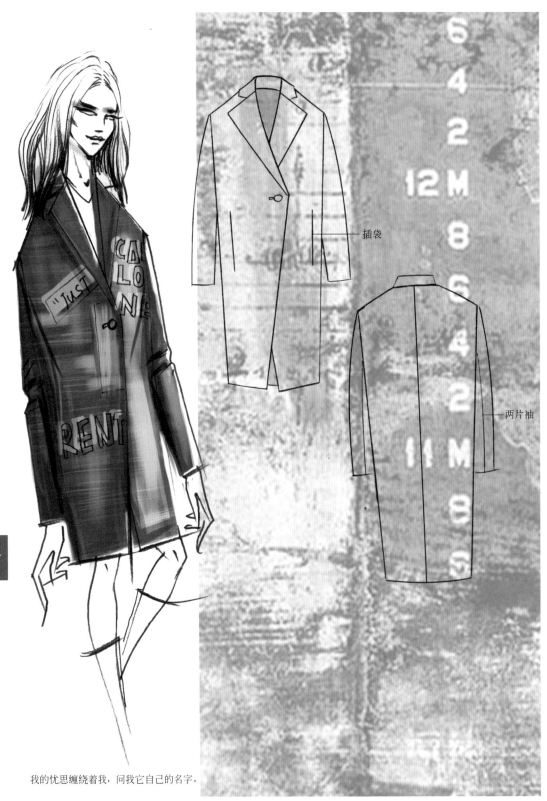

插袋

两片袖

我的忧思缠绕着我，问我它自己的名字。

1. 款式说明

　　该款大衣整体造型呈 T 形，下摆内收，字母印花增加了服装的乐趣，整体款式结构较为简洁。

2. 基本尺寸（单位：cm）

尺寸＼部位	前衣长	胸围	肩宽	袖长	袖口	领
160/84A	117	158	42	43.5	15	44

3. 主要部位绘制

①	后中长
②	后领宽
③	后领深
④	后肩宽
⑤	后落肩
⑥	后胸围
⑦	后底摆
⑧	前衣长
⑨	前领宽
⑩	前领深
⑪	前肩宽
⑫	前落肩
⑬	前胸围
⑭	前底摆
⑮	袖长
⑯	袖山高
⑰	袖口
⑱	领

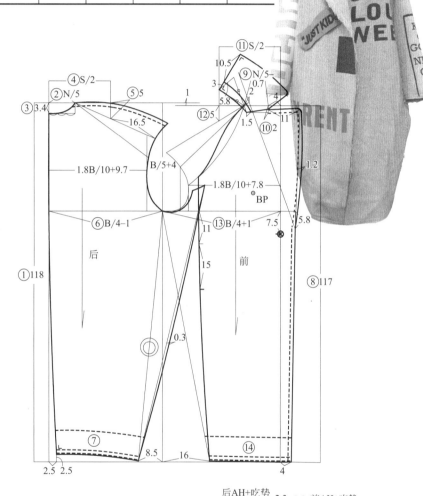

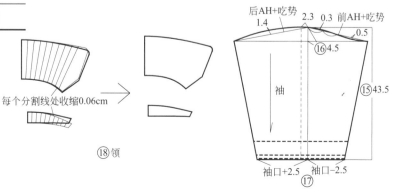

每个分割线处收缩0.06cm

⑱领

4. 裁片纸样

面料放缝

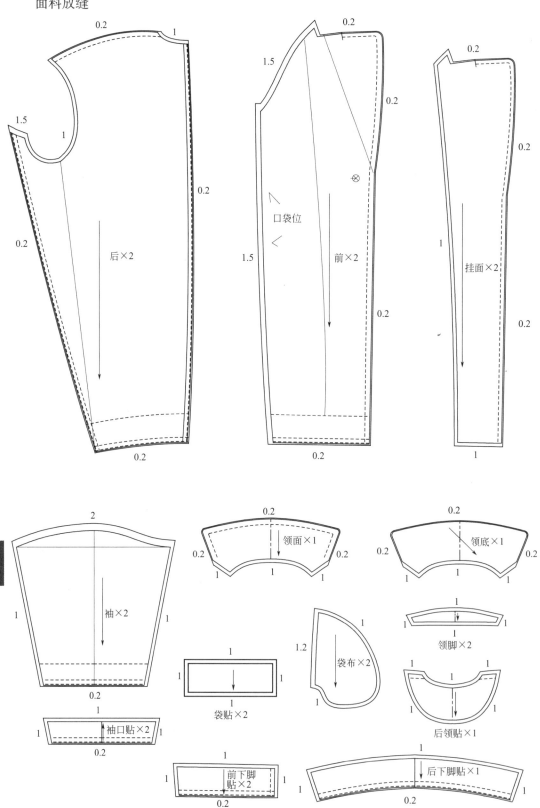

0.2　1

1.5

0.2

1

0.2

0.2

后×2

0.2

1.5

0.2

0.2

0.2

口袋位

前×2

1.5

0.2

1

挂面×2

0.2

0.2

1

2

0.2

领面×1

0.2

0.2

0.2

0.2

领底×1

0.2

1

1

1

1

1

1

1

1

袖×2

1.2

袋布×2

1

领脚×2

1

0.2

1

袋贴×2

1

后领贴×1

1

袖口贴×2

0.2

1

前下脚
贴×2

1

后下脚贴×1

1

0.2

0.2

后中线

忧伤在我心中沉静下来，宛如降临在寂静的山林中的夜色。

1. 款式说明

该款大衣的整体廓型呈 A 字形，连袖设计，结构简单。整体风格较为成熟优雅。

2. 基本尺寸（单位：cm）

尺寸\部位	前衣长	胸围	肩宽	袖长	袖口	领
160/84A	115	108	46	54	14	39

3. 主要部位绘制

①	后中长
②	后领宽
③	后领深
④	后肩宽
⑤	后落肩
⑥	后胸围
⑦	后底摆
⑧	前衣长
⑨	前领宽
⑩	前肩宽
⑪	前落肩
⑫	前胸围
⑬	前底摆
⑭	袖长
⑮	袖口
⑯	袖底插件

4. 裁片纸样
　　面料放缝

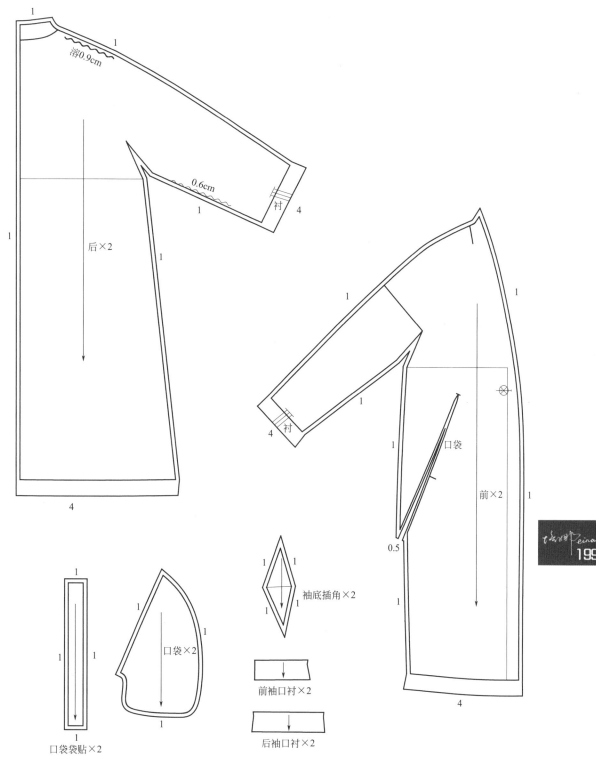

溶0.9cm

后×2

0.6cm

衬　4

衬　4

4

口袋

前×2

0.5

4

口袋×2

袖底插角×2

前袖口衬×2

口袋袋贴×2

后袖口衬×2

舞动着的流水啊，在你途中的泥沙，正在祈求你的歌声，你的舞蹈。

贴口袋

1. 款式说明

该款服装整体廓型呈 H 形，结构简单大方，前片贴口袋的设计，打破了服装的平衡感。整体款式风格较为知性干练。

2. 基本尺寸（单位：cm）

尺寸 \ 部位	前衣长	胸围	肩宽	袖长	袖口	领
160/84A	119	132	55	54	15.25	46

3. 主要部位绘制

①	后中长
②	后领宽
③	后领深
④	后肩宽
⑤	后落肩
⑥	后胸围
⑦	后底摆
⑧	前衣长
⑨	前领宽
⑩	前肩宽
⑪	前落肩
⑫	前胸围
⑬	前底摆
⑭	袖长
⑮	袖山高
⑯	袖口
⑰	领

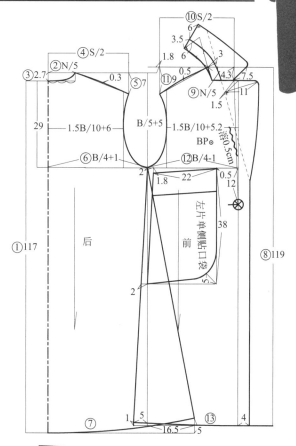

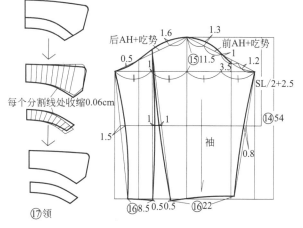

4. 裁片纸样

（1）面料放缝

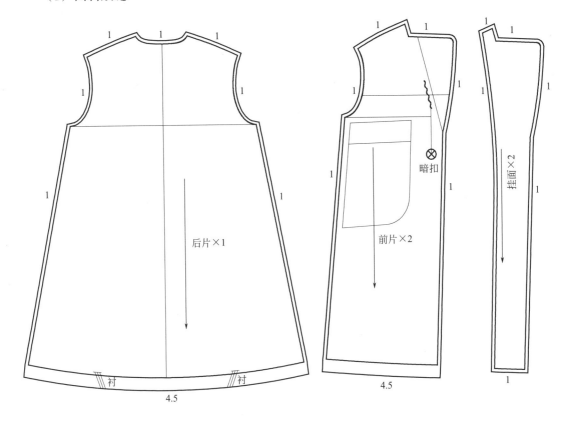

后片×1

4.5

前片×2

暗扣

4.5

挂面×2

1

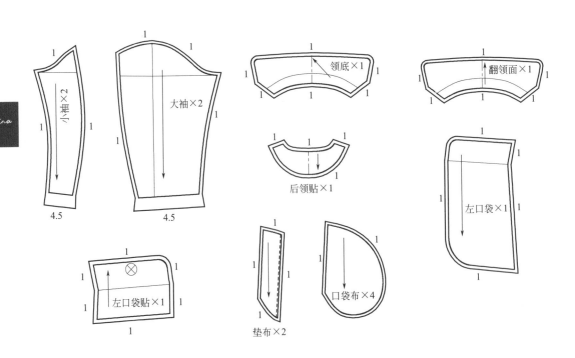

小袖×2

4.5

大袖×2

4.5

领底×1

翻领面×1

后领贴×1

左口袋×1

左口袋贴×1

垫布×2

口袋布×4

（2）里料放缝

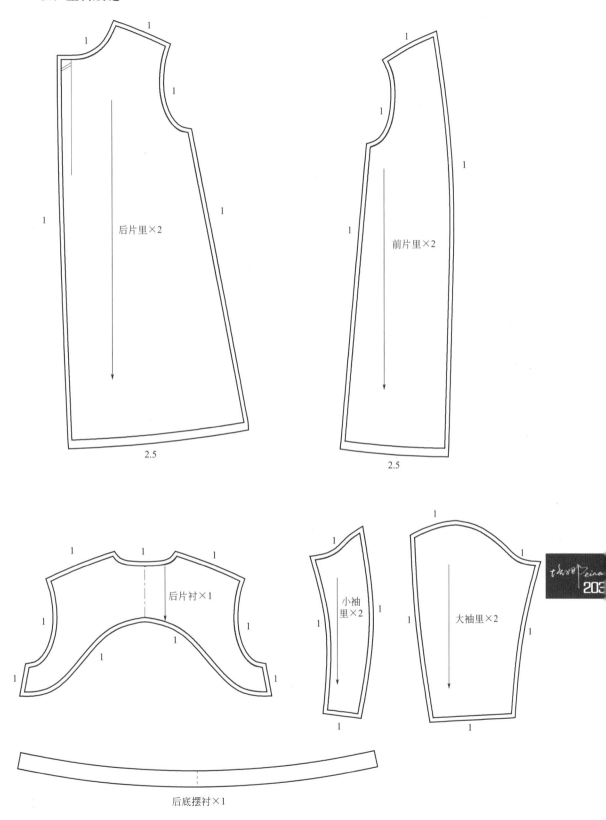

后片里×2

2.5

前片里×2

2.5

后片衬×1

小袖里×2

大袖里×2

后底摆衬×1

我的心，同波浪拍岸的歌声，渴望抚摸着阳光灿烂的绿色世界。

荷叶领

插袋

喇叭袖口

1. 款式说明

该款服装整体廓型呈 H 形，结构简单大方，前片贴口袋的设计，打破了服装的平衡感。不对称的设计，翻领采用荷叶褶的设计手法，整体款式风格较为知性干练。

2. 基本尺寸（单位：cm）

尺寸\部位	前衣长	胸围	肩宽	袖长	袖口	领
160/84A	108	104	39	57	13.75	46

3. 主要部位绘制

①	后中长
②	后领宽
③	后领深
④	后肩宽
⑤	后落肩
⑥	后胸围
⑦	后底摆
⑧	前衣长
⑨	前领宽
⑩	前领深
⑪	前肩宽
⑫	前落肩
⑬	前胸围
⑭	前底摆
⑮	袖长
⑯	袖山高
⑰	袖口
⑱	领

4. 裁片纸样
面料放缝

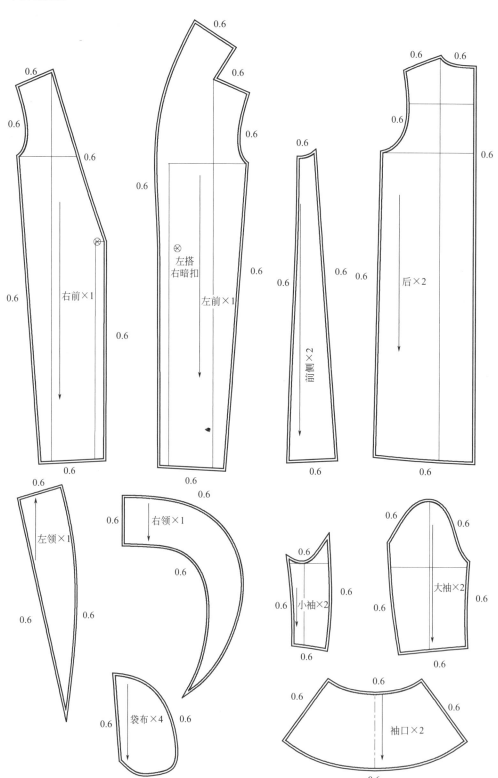

腰带

两片袖

当一个人认识了你，世界就没有陌生的人，也没有了紧闭的门户。

1. 款式说明

该款大衣整体廓型呈 X 形，右压左的门襟设计，加上腰带收腰，整体比较简约大气。

2. 基本尺寸（单位：cm）

尺寸 \ 部位	前衣长	胸围	肩宽	袖长	袖口	领
160/84A	119	112	40	60	13	46

3. 主要部位绘制

①	后中长
②	后领宽
③	后领深
④	后肩宽
⑤	后落肩
⑥	后胸围
⑦	后底摆
⑧	前衣长
⑨	前领宽
⑩	前肩宽
⑪	前落肩
⑫	前胸围
⑬	前底摆
⑭	袖长
⑮	袖山高
⑯	袖口
⑰	腰带

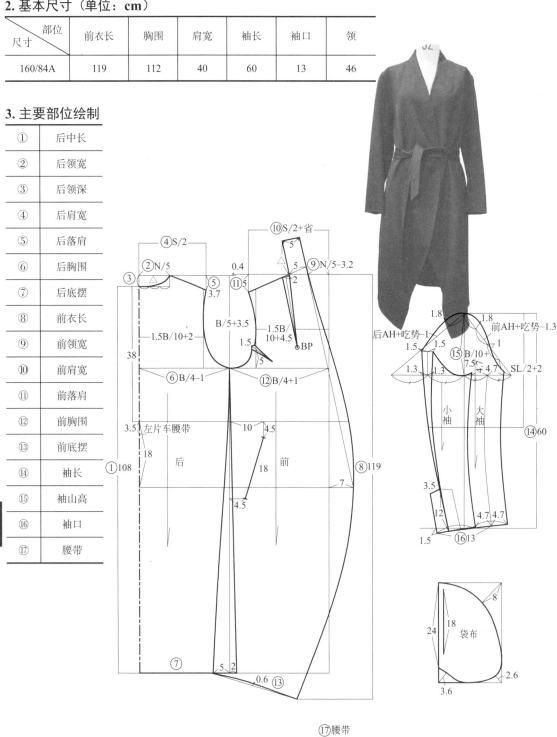

4. 裁片纸样

面料放缝

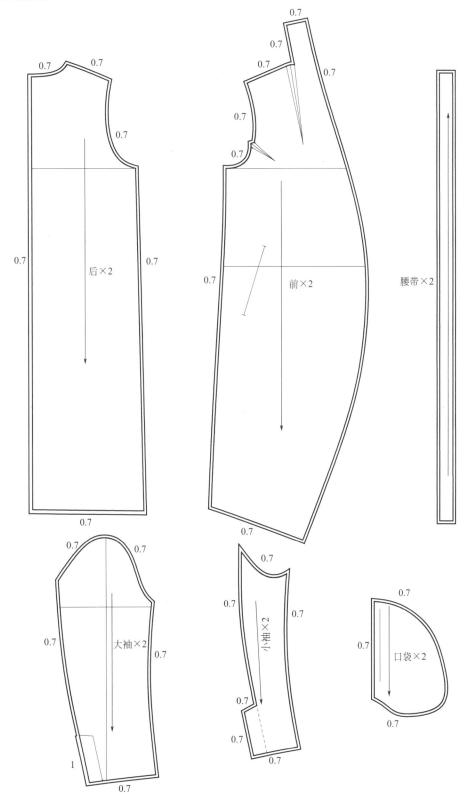

0.7

0.7   0.7

0.7   0.7

0.7

0.7

0.7   0.7

0.7

0.7

后×2

前×2

腰带×2

0.7   0.7

0.7   0.7

0.7

0.7   0.7

0.7

0.7   0.7

0.7

0.7

大袖×2

小袖×2

口袋×2

0.7

0.7   0.7

0.7

0.7

0.7

1

0.7

0.7

参考文献

[1]   郑淑玲 . 外套制作基础事典 [M]. 河南：河南科学技术出版社，2020.

[2]   张文斌 . 服装结构设计 [M]. 北京：中国纺织出版社，2014.

[3]   [印] 罗宾德拉纳德 . 泰戈尔 . 飞鸟集 [M]. 徐翰林，译 . 哈尔滨：哈尔滨出版社，2004.

[4]   [日] 鹫田清一 . 古怪的身体 [M]. 吴俊伸，译 . 重庆：重庆大学出版社，2015.

[5]   王培娜 . 服装设计手稿 [M]. 北京：化学工业出版社，2011.

[6]   鲍卫兵 . 女装打板隐技术 [M]. 上海：东华大学出版社，2021.

[7]   闵悦 . 女装结构设计原理 [M]. 上海：东华大学出版社，2020.

[8]   刘瑞璞 . 服装纸样设计原理与应用：女装篇 [M]. 北京：中国纺织出版社，2008.

参考网站

1. 花瓣网

2. www. pop-fashion. com

3. www. pinterest. com

4. www. eeff. net

致谢

在本书编辑出版的过程中得到了以下帮助：

感谢化学工业出版社提供本书出版的机会。

感谢平时给予指导和帮助的专家和同仁们。